U0176342

图书在版编目(CIP)数据

图说世界建筑 / 陈捷, 张昕著. –– 武汉: 华中科技大学出版社, 2022.7
(空间的诗)
ISBN 978-7-5680-7831-3

Ⅰ.①图… Ⅱ.①陈… ②张… Ⅲ.①建筑史–世界–图集 Ⅳ.①TU-091

中国版本图书馆CIP数据核字(2021)第263579号

图说世界建筑
Tushuo Shijie Jianzhu

陈捷　张昕　著

出版发行:	华中科技大学出版社(中国·武汉)	电话: (027) 81321913
	华中科技大学出版社有限责任公司艺术分公司	(010) 67326910-6023
出 版 人:	阮海洪	

责任编辑: 莽　昱　　　　　　　　特约编辑: 舒　冉
责任监印: 赵　月　郑红红　　　　书籍设计: 唐　棣

制　　作: 邱　宏
印　　刷: 北京顶佳世纪印刷有限公司
开　　本: 720mm×1020mm　1/16
印　　张: 11.25
字　　数: 100千字
版　　次: 2022年7月第1版第1次印刷
定　　价: 168.00元

世界建筑 图说 空间的诗

陈捷 张昕 著

华中科技大学出版社
http://www.hustp.com

有书至美
BOOK & BEAUTY

中国·武汉

目 录 |
Contents

chapter

3 之作 经典

目 录 |
Contents

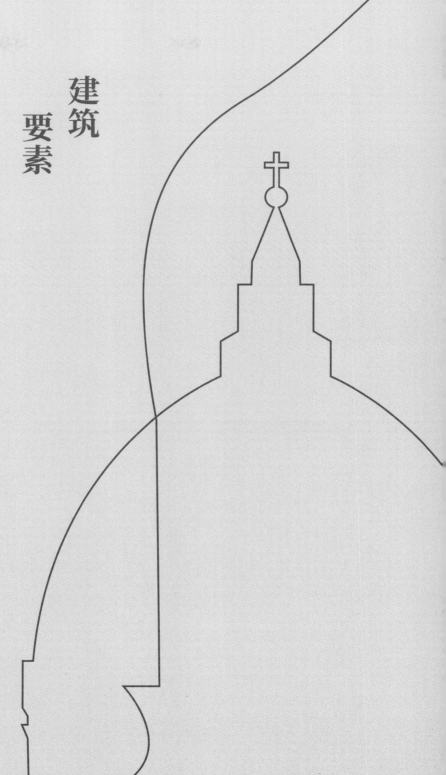

chapter

1

建筑
要素

1. 穹顶

穹顶是古典建筑的标志性符号，其外形类似一个空心球体的上半部。穹顶的发展，从造型上看，整体呈现了从低矮平缓到高耸锐利的演进过程。从结构上看，则从较为沉重的单层原始混凝土浇筑逐步发展为较轻薄的多层砖木复合结构。在古代近东的建筑物中，已出现原始的叠涩穹顶。建造真正穹顶的技术出现在罗马帝国时期，受限于技术水平，早期穹顶如万神庙，只是微微突出于主体。到公元6世纪，技术逐渐进步，拜占庭的穹顶开始明显升高。随着罗马帝国的覆灭，伊斯兰世界在很大程度继承发展了早期的穹顶技术。至文艺复兴时期，西欧再次出现了穹顶建筑，以佛罗伦萨主教座堂与圣彼得大教堂的建造为代表。此时的穹顶彻底摆脱了建筑主体的束缚，跃然而出，成为城市天际线的中心。随后在18世纪至19世纪，许多大型公共建筑都采用了穹顶设计，以示对历史的追慕。

古罗马穹顶

通过使用砖石拱券和火山灰混凝土浇筑技术，罗马帝国时期建造出了前所未有的宏大穹顶，但受限于技术水平，穹顶显得非常扁平，不够突出。万神庙穹顶是古罗马最大的穹顶，跨度达43米。此时减轻自重成为一个难题，为此万神庙在技术上采取了很多先进措施，比如中央开孔、穹顶厚度自底部至上部逐渐变薄、内部设置壁龛等。

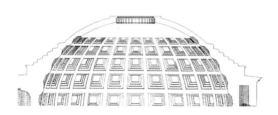

拜占庭穹顶

拜占庭帝国在罗马穹顶技术的基础上发展出了"帆拱"（见下节）技术。这种技术的采用，抬高了穹顶的位置，使穹顶的造型接近半球形，进一步增强了室内的开敞程度，其内部装饰继承了古罗马的艺术特征，喜好使用马赛克镶嵌画装饰，往往幅面巨大，金碧辉煌。以圣索菲亚大教堂为典型，穹顶建筑的发展进入一个新高潮。

俄罗斯东正教穹顶

俄罗斯东正教建筑从拜占庭建筑中汲取了穹顶建造经验后，形成了在单座建筑物顶部使用多个穹顶的独特传统。此类穹顶常常镀金或采用明亮的色彩，并呈葱头形状，被称为战盔穹顶，极具民族特色。内部也继承了拜占庭传统，多施用各类壁画和镶嵌装饰，如莫斯科圣瓦西里主教座堂。

伊斯兰穹顶

随着穆斯林在西亚的崛起，拜占庭的穹顶建筑技术也被吸纳为伊斯兰建筑的特色之一。自中东地区到印度河流域，出现了一大批使用琉璃砖和石材装饰、色彩绚丽、造型饱满的穹顶建筑。此类穹顶已变得十分高挑，外廓微微外凸，充满张力，与欧洲文艺复兴时期的尖状穹顶明显不同。穹顶内部往往施以繁密的立体装饰，钟乳拱雕饰是常见内容。帖木儿墓（a）、泰姬玛哈尔（b）、伊斯法罕清真寺等均是其中的典型。

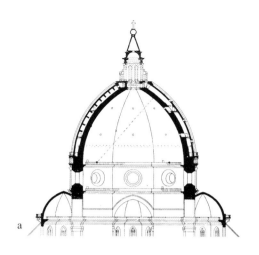

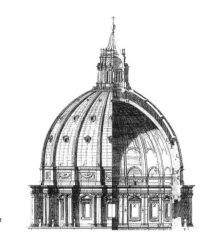

a   b

文艺复兴穹顶

　　文艺复兴时期意大利的建筑技术发展迅速，以布鲁内莱斯基为代表的建筑师通过借鉴哥特、伊斯兰以及古罗马建筑，创造出了全新的穹顶样式。佛罗伦萨主教座堂穹顶（a）为双层结构，八瓣形穹顶高居于 12 米高的鼓座之上，锐利的尖状造型直刺天际，成为整个城市的视觉中心。随后的圣彼得大教堂穹顶（b）则体现了文艺复兴时期穹顶技术的最高水准。此类教堂穹顶内部一般都会绘制描绘天堂景象的壁画，信众抬头仰观，伴随着倾泻而下的天光，宛若身临其境。

古典主义穹顶

　　伦敦圣保罗大教堂修建时已接近 18 世纪，此时的建筑技术较文艺复兴时期又有了明显进步。该教堂的穹顶分为内外三层，外侧为木构覆盖铅皮，造型跃动而饱满。中层为锥形顶，内部圆顶为砖砌，直径达 30.8 米，厚度仅 46 厘米，是古典样式穹顶中最轻巧的作品。

2. 古典拱券 与拱顶

　　拱券及由其支撑而形成的拱顶，是古典砖石结构最核心的技术特征。通过拱的支撑，古典建筑得以形成开敞高耸的室内空间，并最终发展出纷繁多样的艺术形式。真正意义上的拱券，是名为罗马拱的半圆拱做法，出现在公元前4世纪左右的意大利。这是一种纯压力结构体系，所有拱的构成部分均通过自身重力互相挤压而取得平衡。但此时拱券会对外产生侧推力，为平衡侧推力，需要在拱的侧面予以支持，由此产生了挡墙及扶壁等结构。在圆拱之后，十字拱的出现摆脱了承重墙体的束缚，而且古庭帆拱则进一步协调了穹顶的造型与力学问题。随后的中世纪时期，首先在中东地区出现的尖拱传入欧洲，并得到进一步发展。在哥特时期，尖拱与肋拱顶的使用，造就了极具发达的结构体系，也为文艺复兴时期以集中式穹顶为核心的宏大空间建造打下了坚实基础。

叠涩拱

　　叠涩拱指的是用砖石堆叠，层层出挑，逐步向中心靠拢，最终合拢，形成一个尖锥状构造的拱形。这是最原始的拱形构造，早在公元前3000年左右的爱尔兰地区墓葬遗址内就有发现。图示为玛雅文明的叠涩拱实例。此种做法较为简陋，存在明显的拉应力，并不符合砖石的力学特性，一般认为不是真正意义上的拱。

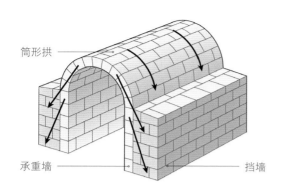

简形拱
承重墙
挡墙

半圆拱与简形拱

半圆拱是真正意义上的纯压力结构拱券，很好地利用了砖石材料抗压而不抗拉的力学特征。罗马帝国早期的建筑，如万神庙穹顶就采用了半圆拱配合火山灰混凝土的做法。当半圆拱沿进深方向延伸，就成为简形拱，这是早期拱顶的经典做法。但此类拱顶下方需要连续墙体来承担拱的重量和侧推力，这也大大限制了空间的使用与拓展。

十字拱

十字拱（a）可以看成是两个简形拱在方形平面内垂直交叉的结果，沿方形四边布置的四个圆拱只需在四角设拱墩支撑，由此使拱顶成功摆脱了连续承重墙的束缚，室内空间得到极大解放，是拱券发展的一次飞跃。随后，连续十字拱的拼合使用更创造出了流动开敞的巨大室内空间。同时，拱的侧面还可用来开窗，采光问题也得以解决。公元 3 世纪左右，古罗马以戴克里先浴场（b）为代表的一大批体量宏大的公共建筑，以及后期部分罗曼风格教堂，都是十字拱技术使用的典型代表。

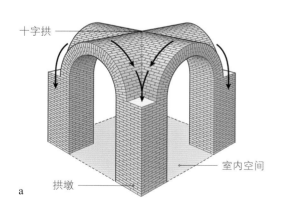

十字拱
拱墩
室内空间
a

b

帆拱

　　帆拱（穹隅）的出现源于集中式布局穹顶的发展。拜占庭时期通过发展十字拱技术，成功解决了在方形平面之上安置圆形穹顶的难题，形成了帆拱、鼓座、穹顶三位一体的构造体系，造就了以圣索菲亚大教堂为代表的集中式布局建筑，同时也为文艺复兴风格的集中式穹顶做好了技术准备。帆拱的名称来源于十字拱交叉的弧面被切割后形成的三角形块面，类似航海使用的三角帆。

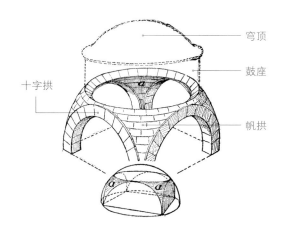

穹顶

鼓座

十字拱

帆拱

肋拱与肋拱顶

　　进入中世纪后，受到源自中东地区的技术影响，欧洲传统的半圆形拱逐渐演变为受力更合理的尖拱（见下节）。至 12 世纪时，拱顶已不再像十字拱那样需要整体砌筑，只在四角和十字交线处布置框架式尖拱，因其形同人体肋骨，故得名肋拱（a）。拱顶的其余部分则使用轻薄材料予以填充，大大减轻了重量，也减小了侧推力，使整个结构体系愈发轻巧纤细。肋拱通过相互支撑，

形成了肋拱顶结构体系，解决了在各种复杂平面上施用拱顶的难题，成为哥特建筑重要的技术成就之一，也直接推动了文艺复兴式穹顶的出现。同时各种复杂的肋拱体系也逐步成为室内空间的重要装饰元素，变化多端，绚丽多彩，如英国德文郡埃克塞特教堂内像盛开的花朵一般华丽的肋拱顶（b）。

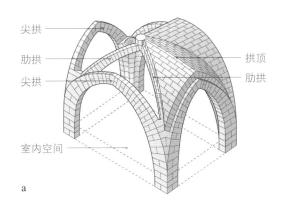

尖拱

肋拱

尖拱

拱顶

肋拱

室内空间

a

b

扶壁

扶壁亦称飞券，源于早期用来抵抗拱顶侧推力的挡墙。通过借鉴肋拱技术，挡墙逐渐衍化为一种非常轻巧的支撑结构，图为英国最大的哥特教堂——英国约克大教堂的扶壁结构（a）。扶壁一端支撑于侧廊挡墙之上，另一端则如虹桥飞渡，非常轻盈地支撑于中厅肋拱顶的角部，有效地抵抗了拱顶的侧推力。同时，借助于扶壁的支撑，中厅侧墙可以开高大的侧窗（b）。扶壁的使用，极大地提高了教堂的结构可靠性和造型艺术水准，是与肋拱并列的哥特式建筑核心技术特征。

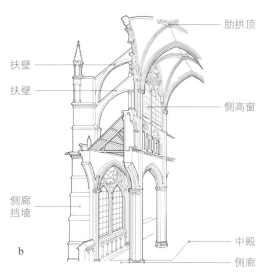

连拱廊

当圆拱或尖拱连续沿水平方向排列时，就形成了连拱廊。连拱廊出现于罗马时期，与柱式结合，还可以形成券柱式结构。至哥特时期，更成为重要的造型与装饰元素，如威尼斯总督府（a）及图书馆，外立面均建造拱廊，造型轻盈悦目，是该时期重要的艺术成就之一。至文艺复兴时期，布鲁内莱斯基的里程碑式作品——佛罗伦萨育婴院正面就采用了类似威尼斯风格的连拱廊，但更加轻快纤细。随后帕拉第奥在维琴察巴西利卡（b）上设计的连拱廊，更成为经典的文艺复兴装饰手法，被称为帕拉第奥母题，在后期得到广泛使用。

3. 伊斯兰拱券 与拱顶

伊斯兰世界的拱券技术来源于罗马帝国与拜占庭，但随着时间的推移，以中东地区为核心，逐渐发展出了一系列创新性的拱券技术与装饰手法。相关成果在中世纪至文艺复兴时期，深刻影响了欧洲基督教建筑的技术发展与装饰风格，是文明互动与文化交流的生动体现。具体而言，中东地区首先在古典圆拱的基础上产生了早期尖拱，成为推动哥特式建筑出现的核心技术基础。随后又发展出了诸如葱形拱、马蹄拱、多翼拱等绚丽多姿的形式，形成了独特的伊斯兰拱券艺术风格，并持续影响了包括欧洲在内的广大地区。

尖拱

一般认为尖拱最晚于 8 世纪出现在中东地区，如以色列拉姆拉地下蓄水池的早期尖拱券，随后通过意大利地区传入欧洲，直接影响了哥特式尖拱的产生。尖拱的出现，一方面满足了审美与扩大空间尺度的需求，同时尖拱的造型可以有效地减小侧推力，在同等条件下明显提高承重能力，据说可达半圆拱的 3 倍之多，由此也为后期哥特教堂的营建打下了技术基础。

葱形拱

　　葱形拱脱胎于尖拱，但构成尖拱的两条弧线转变为更加华丽的 S 形双曲线，形成了顶部尖耸的柔美造型。此种形式与伊斯兰繁密的雕饰风格相配合，具有突出的装饰效果，如建于 12—13 世纪的印度德里库瓦特·乌尔伊斯兰清真寺大门(a)。葱形拱出现于 12 世纪的阿拉伯地区，随后传入意大利，如建于 16 世纪的威尼斯格里提宫，主要门窗均采用了葱形拱造型，最上层则是与三叶拱结合的华丽做法（b）。随后葱形拱还融入了法国与英国的晚期哥特风格，成为火焰哥特与盛饰哥特风格中重要的装饰元素。因其尖锐跃动的造型宛如跳跃的火焰，故而哥特建筑中的葱形拱券也被称为火焰券。此外，在葱形拱的基础上，哥特建筑中还出现了与三叶拱（见多叶拱）等造型组合而成的更加复杂的做法。

马蹄拱

　　马蹄拱亦称摩尔拱，源于半圆拱，造型宛如马蹄，弧线非常饱满，极富张力。马蹄拱大量出现于公元 7 世纪左右，多见于北非、西班牙及中东地区，典型如西班牙阿尔扎哈拉古城内公元 10 世纪的阿卜杜拉·拉赫曼三世接待厅。后期马蹄拱的圆弧造型还出现了类似尖拱或趋于扁平的形式。

多叶拱

多叶拱属于尖拱的变形，拱券由左右对称、以多个重叠圆弧定义的锯齿形弧线构成。圆弧数量常用为单数，以 3—11 不等，配合拱券上部的其他雕饰，极其繁密华丽，可营造出奇异炫目的装饰效果。多叶拱造型出现于 10 世纪左右北非与西班牙的摩尔风格建筑中，如阿拉贡地区 11 世纪的阿尔哈费里亚宫（a），在环地中海区域以及印度等地也能看到相关造型的影响。此种造型也直接影响了西班牙西北部的基督教圣地——圣地亚哥－德孔波斯特拉的罗曼风格教堂，并进一步借助往来的朝圣者传入法国罗曼建筑中，如 12—14 世纪的上卢瓦尔省圣富瓦德贝恩斯教堂（b）。在罗曼建筑中，除延续类似摩尔风格的繁复做法，还逐步形成了基督教三叶拱与四叶券做法。其中三叶造型暗合了"圣三位一体"概念，而四叶券则隐含了十字架概念，由此使二者成为哥特时期极为流行的造型元素。

钟乳拱

钟乳拱的造型类似密集排布的下垂钟乳石或蜂窝，它并非常规意义上的拱券，而是伊斯兰建筑特有的一种装饰性拱顶。此种做法最早出现于 10 世纪中期的中东与北非地区，逐步形成了波斯风格和摩尔风格两大类。前者如伊斯法罕四十柱宫拱顶（a），后者如格兰纳达阿尔罕布拉宫拱顶（b）。钟乳拱在伊斯兰建筑中具有重要神学意义，不同单位的叠加代表了宇宙的复杂性，进而与造物主本人联系起来，使拱顶具有了神性特征。它通常出现在入口或穹顶上方，当人们仰视那些凹凸变化、明灭不定的钟乳拱穹顶时，宛如在凝视天堂。

4. 屋顶

　　屋顶是一个宽泛的概念，一切覆盖建筑物顶部的构造均可被称为屋顶。前述穹顶、拱顶等均属于屋顶的范畴。但除去少数宗教与纪念性建筑得以使用技术复杂、造价高昂的穹顶与拱顶外，绝大多数建筑会使用其他类型的屋顶。常见的屋顶大体可归类为平屋顶和坡屋顶两大类。支撑屋顶的结构称之为屋架。早期技术较为简陋，后期逐渐发展为受力较为科学的桁架体系。屋顶表面多覆盖陶瓦、金属板或薄石板，也会用植物、木板等材料覆盖。屋顶下部为遮蔽屋架，往往会设置富有装饰性的天花板，也有显露屋架、将其加工为重要室内装饰元素的做法。同时部分屋顶也可供人起居，具有一定的使用空间，典型如法国的孟莎屋顶。

平屋顶

　　平屋顶是人类早期使用的屋顶形式之一，常见于各类干旱地带，如古埃及的神庙建筑（a），因不需过多考虑排水问题，构造简单的平屋顶成为技术首选。至文艺复兴时期，以法尔尼斯府邸（b）为代表，出现了一大批外观形同平屋顶造型的建筑。实质上此类建筑的屋顶出于排水考虑，多带有较缓和的坡度，但由于屋顶结构被檐口或女儿墙雕饰所遮挡，在视觉效果上呈现了平屋顶的格局。此类做法也被后期古典复兴建筑所吸收，如被俗称为白宫的美国总统行政官邸，就呈现了典型的平屋顶效果。

b

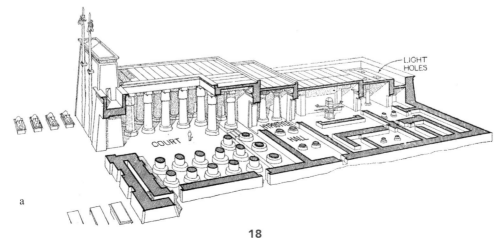

a

坡顶与尖顶

坡顶也是人类早期使用的屋顶形式之一，适用范围较平屋顶更广，是最常见的屋顶样式。坡顶的核心是支撑于墙体或柱之上的三角形屋架，一般为木制结构。坡顶的造型取决于坡面数量和坡面角度，常见有单坡、双坡、四坡等，双坡顶是古典神庙的核心造型特征之一，如图示希腊埃伊纳岛上的阿菲亚神庙（a），此外各类教堂的屋顶也多采用双坡顶。如果坡面极其陡峭，且围合面积较小，就形成了尖顶造型。中世纪教堂、城堡内的各类钟塔、塔楼的顶部常采用此类造型。尖顶内部一般多用木结构屋架支撑，外部多覆盖金属或木质表面，典型如巴黎圣母院的屋顶与尖塔（b）。部分重要的教堂会采用石结构砌筑钟塔，以不朽的石材来呼应永恒的神性。

b

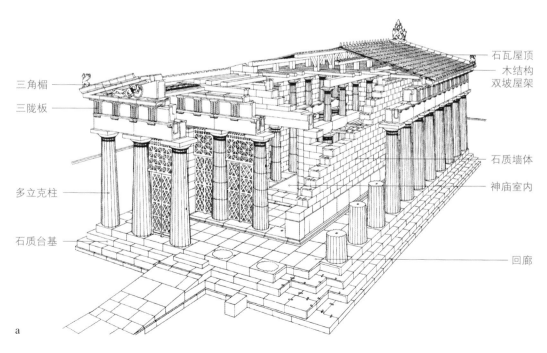

三角楣

三陇板

多立克柱

石质台基

石瓦屋顶

木结构
双坡屋架

石质墙体

神庙室内

回廊

a

孟莎屋顶

最早出现在 16 世纪的卢浮宫中，17 世纪后得到以弗朗索瓦·孟莎为首的法国建筑师的大力推广，故得名孟莎屋顶（或译为芒萨尔屋顶），随后成为法国 19 世纪建筑的标志性符号。屋顶为两坡四折，每个坡面分为两段不同坡度，下部较陡峭，常开设窗口，而上部较和缓，距离较近时容易误认为上部是平顶，孟莎设计的当皮埃尔城堡就是早期的典型。此类屋顶的出现，最早可能源于对顶部阁楼空间有效利用的需求，但后期则成为一种广泛使用的风格手法。

屋架与天花

如前所述，屋架是屋顶构造的核心。平屋顶屋架较为简单，将条状木材或石材按一定距离、间隔水平放置于墙体或柱之上，随后覆盖泥土、陶瓦、石板等材料即可，典型如埃及神庙的石质平屋顶构造(a)。坡顶的三角形屋架相对较为复杂，早期三角屋架较为原始，如古希腊神庙的三角形屋架仍较为纤细，结构也比较单薄。后期随着技术进步，出现了较为科学的三角桁架支撑结构，遂成为屋架的主流样式。同时屋架下方，出于装饰、保温及卫生等需求，往往会设置天花，由此也成为室内装饰的重点，古希腊神庙中即已开始普遍使用天花并沿用至今。同时屋架经过特殊加工装饰，本身也可以成为重要的室内装饰，由此还可形成特定风格，典型如英国都铎王朝时期流行的锤式屋架体系（b）。

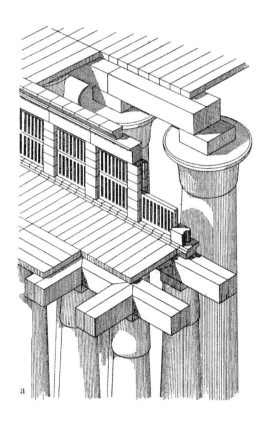

5. 柱式

柱是古典建筑的标志性符号与重要识别特征。一般由柱础、柱身、柱头三部分组成，三者造型与比例的变化，直接造就了不同的样式，加上与之关联的檐口部分，遂产生了"柱式"概念。在公元前 1 世纪左右，希腊神庙建筑中的石柱体系日趋规范，逐步形成了多立克、爱奥尼、柯林斯三种柱式。在罗马时期，则形成了塔司干与罗马柯林斯样式，以上五种柱式统称为古典柱式。同时为适应拱券技术的发展，本时期还形成了券柱式的做法。柱式的诞生是古希腊与罗马对世界文明的重要贡献，通过制定统一的形式、比例与组合关系，厘定详细的使用规范，柱式最终成为古典建筑最醒目的标志与尺度基础。在欧洲之外，埃及、波斯及南亚也发展出了绚烂繁复的柱式，与希腊罗马柱式的趣味迥然不同。

古典柱式

多立克柱比例粗壮，高度为柱径的 8 倍，简洁而庄严，显示了男性阳刚健美的形象，是早期神庙的通用柱式。爱奥尼柱则比例修长，高度为柱径的 9 倍，表达了女性纤细柔美的特征，造型华丽端庄，细腻的涡卷造型极富装饰性，后期还出现了现代爱奥尼柱式。古典晚期出现的柯林斯柱式，柱身类似爱奥尼柱式，但更加修长，高度达到柱径的 10 倍。柱头为繁密的忍冬叶造型，更加奢华艳丽。罗马早期曾使用一种名为塔司干的简单柱式，造型粗壮，高度仅为柱径的 7 倍，表面光滑，无凹棱做法，但很快就被希腊柱式所代替。伴随着罗马帝国的建立，富丽堂皇的审美需求最终催生了一种全新复合柱式，称为罗马柯林斯柱式，即在柯林斯柱头之上再加入一对爱奥尼式的涡卷，将柱式的装饰功能发挥到了极致。

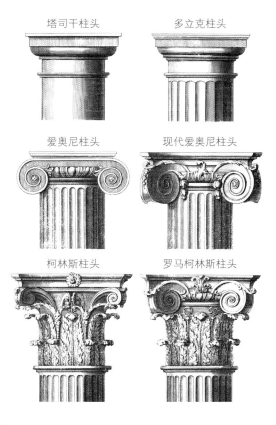

塔司干柱头　　多立克柱头

爱奥尼柱头　　现代爱奥尼柱头

柯林斯柱头　　罗马柯林斯柱头

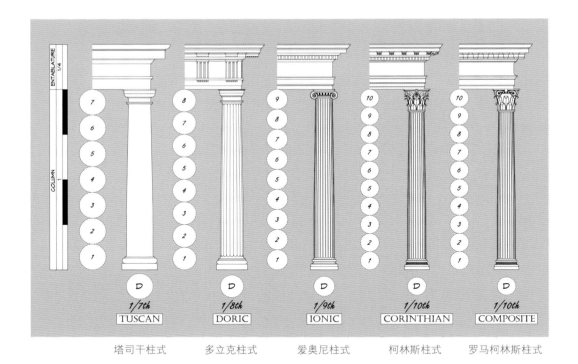

塔司干柱式　　　多立克柱式　　　爱奥尼柱式　　　柯林斯柱式　　　罗马柯林斯柱式

柱式与建筑尺度

古典建筑通过柱式直接控制了尺度与样式的生成。基本原则是以柱直径为单位，按照特定比例，计算出建筑各部分的尺度。如图所示，多立克柱高为 8 倍柱径，柱头与柱础高度均为 1/2 柱径。檐口高为 2 柱径，出檐距离为 1 柱径，三陇板的宽度为 1/2 柱径，间距为 3/4 柱径，建筑总高为檐口高的 5 倍，亦即 10 倍柱径。

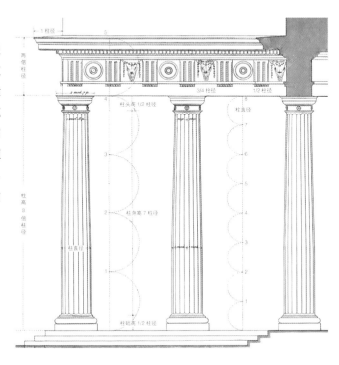

罗马券柱式结构

罗马时期为了适应券拱技术的发展，通过改良希腊柱式，形成了券柱式做法。此时的立柱作为装饰件，在券拱两侧以倚柱的形式出现。这种做法将柱与券拱有机结合，形成了出色的视觉效果。后期为适应剧场、大角斗场等多层建筑的外观，还发展出不同层级采用不同柱式的叠柱式做法，使建筑外观更加富丽堂皇。图示为罗马马切罗剧场的叠柱式结构。

埃及柱式

埃及的柱式仍保持了柱头、柱身、柱础的三分结构，但造型较为粗壮，柱头部分喜好以当地盛产的植物纹样作为装饰母题，比如纸莎草、芦苇、棕榈叶、莲花等。同时柱身之上常镌刻各类文字与人物、动植物造型，并以色彩装饰，起着纪念、叙事的作用。整体较欧洲古典柱式要繁复艳丽许多。

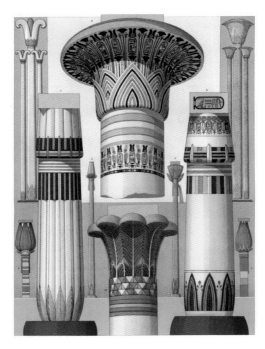

波斯柱式

波斯帝国的宫殿建筑以波斯波利斯为代表，其内的石柱造型极具特色，雕饰也非常精美。柱础为覆钵形，上刻莲花瓣，柱头部分由仰覆莲花、涡卷和背对背跪踞的动物组成，动物包括了牛、格里芬、独角兽等诸多类型，各类元素生动体现了希腊、两河乃至埃及文化的影响，体现了文明的碰撞与交融。

6. 三角楣与 檐墙

　　三角楣是指山墙三角形的顶端，与檐墙均可视为屋顶结构的一部分。由于二者位居建筑顶部，直接面向观众，故而历来均是装饰重点，也是建筑风格衍化的重要标志之一。三角楣做法首先大规模出现于古典神庙之上，是山墙结构与装饰的核心所在。在哥特时期，古典三角楣被视为异端遭到摒弃，山墙部分多以尖锐高耸的石刻造型配合尖券窗或圆窗予以装饰，其中以火焰式哥特建筑最为典型。进入文艺复兴后，伴随古典建筑样式的复兴，三角楣被大量使用，特别是巴洛克时期，三角楣做法不再拘泥于山墙部位，开始作为一种装饰元素被广泛使用在室内外各种部位之上，包括门廊、窗口、圣坛乃至家具等，同时也出现了各种复杂的造型变化。檐墙一般位于建筑屋顶四周，早期以防护、防御为目的，后期则日益富有装饰性，成为建筑顶部造型的重要元素。

古典三角楣

　　三角楣位于古典神庙门廊的正上方，是山墙装饰的重点，由此也得名山花。古典时期的三角楣内设有繁复的立体雕饰，并施以艳丽色彩，内容与神庙所祭祀的神灵有关。三角楣的顶部和两端，还会放置各类雕饰。文艺复兴时期，三角楣被再度广泛使用，后期古典复兴风格的建筑也大量予以采用，如图示美国费城艺术博物馆东入口。

巴洛克山花

　　巴洛克时期，随着社会审美趣味的演变，简单的古典三角楣被逐渐摒弃，各种变形做法大量涌现。以罗马地区为例，最常见的是将三角楣顶端切断，插入各类装饰的断裂山花造型，此外还包括各种曲线、扭转乃至叠套做法，如图示圣文琴佐与圣阿纳斯塔西奥教堂的山花。山花造型的变化，由此也成为巴洛克风格的标志性识别特征。

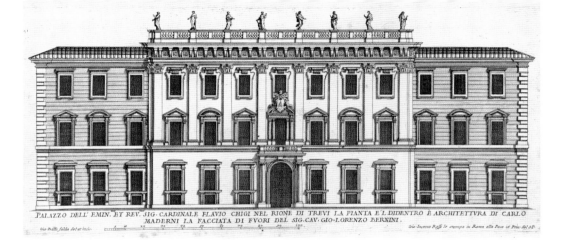

PALAZZO DELL' EMIN. ET REV. SIG. CARDINALE FLAVIO CHIGI NEL RIONE DI TREVI LA PIANTA E'L DIDENTRO È ARCHITETTVRA DI CARLO MADERNI LA FACCIATA DI FVORI DEL SIG. CAV. GIO-LORENZO BERNINI.

檐墙

檐墙早期以功能性为主，造型简单。文艺复兴时期，府邸与宫殿建筑多采用类似平屋顶的缓坡造型，顶部元素的缺失使檐墙的装饰功能得以凸显。此时檐墙多被饰以镂空围栏，上部树立各种雕像，形成了全新的视觉效果，如图示由贝尼尼设计的罗马奇吉·奥德斯卡奇宫立面。巴洛克时期的檐墙与山花、檐口组合在一起，形成更加复杂绚丽、富于动态的立面造型。至法国古典主义时期，此种做法依旧在延续发展。

哥特式山墙

哥特式山墙主要出现在教堂之上，伴随哥特建筑的发展，呈现了多样化的面貌。整体上山墙多以尖锐高耸的三角造型出现，与扁平缓和的古典三角楣形成了鲜明对比。在山墙的顶部和外沿，多装饰有各类石质雕饰，包括十字架、花束、怪兽、人物、尖塔等。山墙上部多开有尖券窗或玫瑰窗，下部则为拱门或券窗，典型如巴黎圣母院的南立面（a）。此类山墙发展至晚期，以法国火焰哥特风格最为典型。各类镂空的曲线式雕饰密布山墙之上，如火焰般升腾跳跃，极富感染力，如图示巴黎圣三一教堂的山墙雕饰（b）。

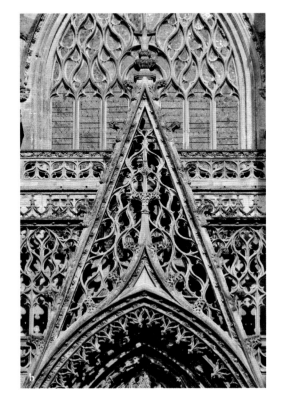

7. 门

门是建筑沟通内外的必要手段，因其常与入口通道相结合，故也称为门道。由于其显著的地位，门成为体现主人身份地位与文化品位的标志性符号，与屋顶、檐口等并列为建筑装饰的重点所在。随着不同时代审美趣味的变迁，门的造型与装饰都发生了巨大变化。古典时期，以神庙为代表的建筑中，门多深藏于柱列、山花之后。中世纪至巴洛克时期，门与拱券、柱式、山花等元素结合，逐步形成了整体性的建筑立面，造型变得更加复杂纷繁。从构造上看，门一般可分为拱门和立柱门两大类。通过拱券技术的使用，可以有效解决大跨度空间的支撑问题，由此拱门也成为门道构造的主流做法。

立柱门

立柱门自古埃及时期就得到广泛使用，通过在通道两侧树立木或砖石的支撑体，上部放置木或石质过梁，就构成了最简单的门道。此种做法简便易行，通过与各类元素结合，也形成了丰富多彩的造型，如大都会博物馆藏建于公元前15年的古埃及神庙。但受制于相关材料的力学性能，立柱门的高度，特别是跨度不能过大，由此也限制了立柱门在大型建筑中的使用。

叠涩拱门

叠涩券是最古老的原始拱券做法，以此形成的原始拱门称为叠涩拱门。此种做法遍布世界各地，在各类早期文明遗址中均有发现。古希腊的迈锡尼文明就普遍使用此种做法，有时还会兼用水平石过梁，用来增强荷载承受力，如图示名为"阿特柔斯宝库"的陵墓入口。在跨度较小的场所，以及部分未掌握拱券技术的文明中，还会将其沿用至晚近时期。

古典拱门

罗马时期通过采用半圆拱技术，实现了大跨度的空间跨越，很好地解决了在墙体上进行大面积开洞的难题，形成了经典的拱门做法，成为各类建筑大门的首选。同时其富有装饰性的造型通过与柱式等元素组合，还产生了凯旋门这种特殊的纪念性拱门，如克罗地亚奥古斯都时期的普拉凯旋门（a）。进入巴洛克时期，拱门与各类变形山花、柱式、雕饰相结合，形成了绚丽多姿的艺术风格，如墨西哥城内西班牙巴洛克风格的拱门（b）。

哥特式拱门

此类拱门的最大特点是上部拱券采用哥特尖券的造型，整体呈尖锐的竖向条状，在哥特及后期复兴风格中得到广泛运用，典型如巴黎圣礼拜堂入口（a）。此类大门继承了罗曼时期的做法，更加华丽繁复，门券往往采用多层叠套、依次退缩的造型，每层门券上均密布雕饰，呈现了极其复杂的视觉效果，如图示亚眠主教座堂大门（b）。中央门扇之上往往也会密布华丽的金属纹饰，甚至整体以金属铸造。同时，此类尖拱的造型常基于等边三角形来设计，这样一方面简化了设计与施工难度，同时正三角形在基督教中还被认为是"圣三位一体"的代表，具有非凡的神圣意义。

伊斯兰拱门

8—12世纪，伊斯兰世界发达的经济文化催生了一系列全新的拱券做法，连同传统的半圆拱，在各类建筑中得到广泛使用。马蹄拱、多叶拱富有装饰性，多被用于室内或小型拱门之上。大型拱门的外观常为矩形，中空部分采用尖拱或葱形拱造型，进深较大。以波斯风格的伊朗伊斯法罕伊玛目清真寺入口（a）为代表，喜好采用"内外翻转"的装饰手法，将多见于室内装饰的钟乳拱、马赛克画等用于室外，使得整个拱门宛如被剖切展示的半座穹顶，视觉效果十分新颖震撼。此外"嵌套"做法也很常见，一个大拱门内常嵌套若干小型拱门、拱窗造型，形成重叠的纵深感。摩尔风格的摩洛哥马拉喀什古堡大门（b）之上可以看到依次嵌套的矩形大门、圆拱、多叶拱、马蹄拱以及中央承重的尖拱，构思奇特，非常新颖。

8. 窗

　　窗是建筑采光、通风的必要手段，与门类似，同样也是体现主人身份地位与文化品位的标志性符号。但由于其显著的地位和众多的数量，相较于门，发展出了更加复杂多样的类型与样式。从造型上看，窗可分为方窗、圆窗、尖券式窗等。伴随着技术的进步，总体而言窗的尺度趋于增大。早期的窗仅以格栅做半封闭，随后出现的早期玻璃窗，受制于玻璃制作工艺和结构可靠性，所能使用的玻璃面积很小，需要用铅条逐片分隔固定，这也形成了宗教场所内绚丽的彩色玻璃窗。随着成品玻璃面积逐渐增大，早期有着复杂分隔的窗变为了整片开敞的大玻璃窗。

方窗

　　最早的窗就是直接在墙体或屋顶开洞。随后为了遮蔽风雨，在洞口设置格栅，称为格栅窗，如图示古埃及卡纳克神庙中的石质格栅窗。窗与门类似，早期受制于顶部过梁的力学性能，普遍采用高而窄的纵窗样式。进入 19 世纪后，美国芝加哥地区出现了以钢铁结构作为承重材料的横向长窗，被称为"芝加哥窗"。时至今日，依旧是实用可靠的开窗方式之一。

哥特窗

　　窗的上部为哥特式尖券，下部则为长条状纵窗，尖券部分常施用各类雕饰，多以成对或三联形式出现，单独出现的一般称为尖券窗。教堂建筑内的哥特窗往往会镶嵌彩色玻璃，是与玫瑰窗匹配的重要装饰元素。后期较大型的券窗还会将玫瑰窗、三叶窗、四叶券等造型纳入其中，形成更加华丽的效果，如法国莫城主教座堂的组合券窗。

伊斯兰拱券窗

此类窗沿用了伊斯兰拱券的常见做法，即圆拱窗、尖拱窗、葱形拱窗、马蹄拱窗和多叶拱窗。但与基督教堂不同，伊斯兰拱券窗很少使用彩色玻璃，普遍使用样式繁复、色彩鲜艳的石雕或琉璃砖镂空窗棂（a）。窗的整体造型与色彩会与建筑配合，并采用类似拱门的嵌套做法，显得极其繁密复杂，由此也成为伊斯兰拱券窗的典型特色之一（b）。

a

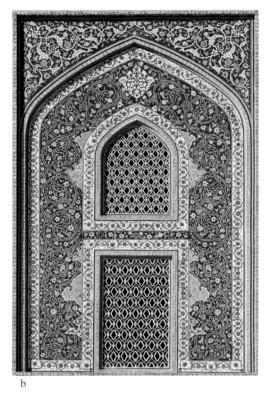

b

圆窗

圆窗是欧洲宗教建筑普遍采用的做法，仅设一圆洞的称为眼窗，洞内设辐条式窗格的称为轮辐窗。其历史可以追溯到罗马帝国时期，典型如万神庙穹顶中央的圆窗。伴随轮辐窗的发展，至哥特时期，出现了被称为玫瑰窗或哥特式圆窗的大型复杂化圆窗，成为哥特式教堂内尤为绚丽夺目的装饰性元素之一。随后各历史时期圆窗均有出现，文艺复兴时期佛罗伦萨地区的教堂多采用类似做法，典型如佛罗伦萨新圣母教堂山花中央的圆窗（a）。至巴洛克时期，更发展出富有装饰性、俗称为牛眼窗的圆窗或椭圆窗（b）。

a

b

玫瑰窗

玫瑰窗名称的由来众说不一，较可靠的说法是该词最早源于法语中"轮辐（roué）"一词，随后被讹化为英语中的"玫瑰（rose）"，由此得名玫瑰窗。在哥特式教堂的发展过程中，拉丁十字造型中除东侧圣坛外，其他三个方向的山墙之上均逐步出现了体量巨大的圆窗，成为哥特教堂的标志性特征，典型如亚眠主教座堂西立面的玫瑰窗（a）。此类圆窗一方面在外部装饰华丽繁复的镂空石质轮辐结构，同时内部使用彩色玻璃拼镶各类图案，内容一般为宗教图案、圣经故事等，光影投射之下，极其绚烂华美，图示为斯特拉斯堡主教座堂西立面的玫瑰窗内景（b）。

b

31

9. 平面布局

　　平面布局是古典建筑造型的基础，也是具有代表性的识别特征。经典布局普遍与宗教信仰有着密切联系。古埃及首先出现了采用矩形平面、以短边为入口的神庙模式，通过深邃幽暗的内部空间，有力地强调了神性与权威。古希腊时期，逐步形成了经典的矩形围廊式神庙。罗马整体继承了希腊的建筑格局，但更加强调入口的重要性，形成了前廊式神庙布局。随着基督教的兴起，教堂建筑吸收了早期罗马议事方的空间布局，并逐步发展出具有神圣意味的拉丁十字格局，奠定了基督教堂的基本样式。罗马帝国分裂后，东正教注重交流与平等的特色使集中式布局教堂在拜占庭帝国内广泛流行，对称的十字造型被称为希腊十字。此种布局在文艺复兴时期被重新发现并得到广泛运用，形成了文艺复兴集中式布局。同时，世俗建筑多见内向围合的内院式格局，各类府邸、宫室乃至广场、斗兽场、剧场、浴场等均可被归入此类。

希腊与罗马神庙布局

　　古典神庙以希腊城邦的圣地建设为起点，在公元前 8 世纪左右形成了较为固定的格局。神庙整体呈矩形，墙体短边处设为入口，并于此设置华丽的三角楣。墙外一般会设置环形围廊，由此形成了典型的围廊式布局，如雅典的火神庙（a）。罗马神庙除少量圆形造型外，整体上继承了希腊神庙的格局，但由于神庙多位于城内，拥挤的环境限制了神庙体量。为突出正立面，遂出现了前廊式布局，如法国尼姆的方形神殿（b）。自文艺复兴之后，历次古典复兴浪潮中，上述两种神庙样式被不断模仿沿用，成为各类标志性建筑的常用布局。

埃及神庙布局

　　埃及神庙的布局定型于中王国时期，整体是在纵轴之上依次布置大门、多进围廊式院落、神殿等。神殿为纵向矩形，开口于短边方向，殿内密布立柱和密室，光线昏暗，气氛神秘。此种布局一直延续至托勒密时期，并持续影响了包括希腊在内的周边地区。此种布局以首都底比斯（今称卢克索）周边的神庙最为典型，如拉美西斯二世神庙。

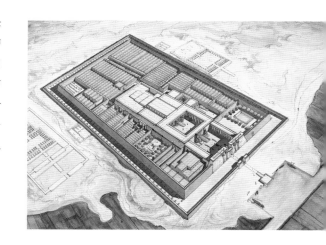

拉丁十字布局

　　罗马帝国晚期，基督教信众模仿当时的矩形议事厅建造教堂。随着信徒的增加和仪式的复杂化，自罗曼时期开始，圣坛前部空间向两侧拓展，形成了一个横短竖长的十字形格局，典型如法国沙特尔大教堂。此种格局直接与耶稣殉难时的十字架联系起来，具有非凡的神圣意义。由此，天主教会将拉丁十字视作正统的教堂形制，并沿用至今。

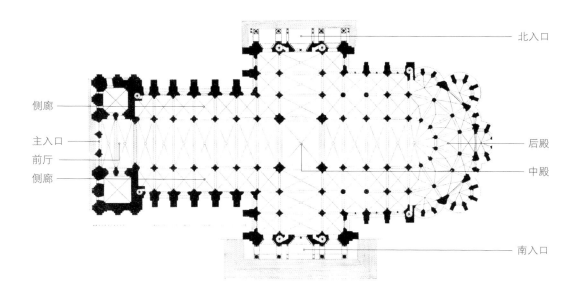

北入口

侧廊

主入口

前厅

侧廊

后殿

中殿

南入口

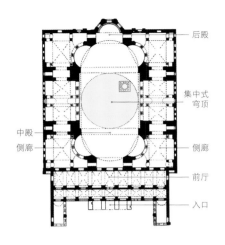

后殿

集中式穹顶

中殿
侧廊

侧廊

前厅

入口

希腊十字布局

东正教教堂早期以方形集中式穹顶布局为核心，后期为抵抗庞大穹顶产生的侧推力，在方形主体外部增加了四个筒形拱，形成一个等长的十字格局，称为希腊十字。为进一步分散筒形拱的受力，在十字的四角上还可以继续增加小型拱券，最终形成了以十字为主体的九宫格布局，典型如圣索菲亚大教堂平面。此外，俄罗斯与东欧地区还出现了多穹顶并置的希腊十字教堂。

文艺复兴集中式布局

文艺复兴时期，新兴的人文主义者通过宣扬古典文化中的自然主义、现实主义精神来对抗顽固落后的天主教廷与宗教神学。古希腊与古罗马文化在这一时期得到了广泛的发掘整理与使用。希腊十字布局在中世纪被罗马教廷认为是异教徒的做法而受到摒弃，但此时被重新发现，均衡的等臂十字布局所蕴含的平等、交流精神受到广泛的赞誉与关注，由此也在各类建筑中得到广泛使用与发展。如米开朗基罗设计的圣彼得大教堂平面（a）、帕拉第奥设计的维琴察圆厅别墅等。在此后的各类古典复兴风潮中，文艺复兴集中式布局均被奉为经典造型予以广泛使用，典型如巴黎先贤祠（b）、伦敦圣保罗大教堂的早期方案等。

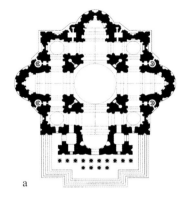

a

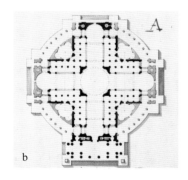

b

内院式布局

此种布局对外封闭，内向开敞，可以很好地兼顾安全与舒适性。自公元前 4000 年起，两河、埃及、希腊与罗马等主要文明的住宅、宫室就普遍使用了内院式格局，如图示庞贝城内的维蒂之家。在罗马时期，院落格局也被广泛运用于剧场、浴场、广场等公共建筑之上。至文艺复兴之后，以法国为代表的各类宫室、府邸建筑，依旧沿用了此种模式。

chapter

2

风格与
类型

1. 金字塔的衍化

　　古埃及文明相信人死后灵魂不灭，三千年后会在极乐世界复生，所以对尸体的保护极其重视，由此也使陵墓建筑备受关注。埃及早期的高等级陵墓形似扁平的长方形平台，被称为玛斯塔巴。至古王国时期，伴随着对法老崇拜的不断加强，永恒不朽的石材成为陵墓用料的首选，出现了多层阶梯形金字塔，约建于公元前3000年的昭赛尔金字塔就是典型。在昭赛尔金字塔之后，第四王朝的三位法老陆续在吉萨地区修建了三座相邻的大金字塔，代表了埃及金字塔建设的最高成就。

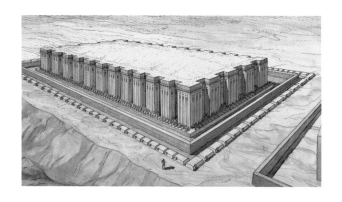

早期玛斯塔巴墓

　　"玛斯塔巴"一词源于阿拉伯语中的长凳，陵墓外部是长方形，两侧有斜坡，平顶。内部是位于地底深处、以砖石铺砌的墓室。外墙的建材最初是将尼罗河的泥晒干后制成的砖，后期改为更耐用的石头，很多时候还会雕刻模拟宫殿建筑的墙体和柱式造型。

发展中的阶梯形金字塔

　　昭赛尔金字塔为台阶状的方锥形，分为六层，高约60米。金字塔外围设有9米高的围墙以及祭堂等附属设施，显示出与早期陵墓的联系。但通过金字塔的营建，大大突出了陵台的主体地位，以不朽的形体强调了法老的神性与永恒。

成熟期的方锥形金字塔群

1822 年绘制的吉萨金字塔群地图，详细记录了位于开罗城郊的古代遗迹。三座大金字塔均为精确的正方锥形，自上而下分别为是胡夫金字塔（高 146 米）、哈夫拉金字塔（高 143 米）、门卡乌拉金字塔（高 66 米）。哈夫拉金字塔右侧不远处就是著名的斯芬克斯像。

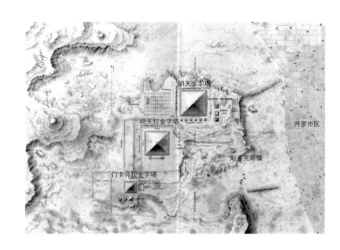

方锥形金字塔剖切

法老的墓室均位于金字塔内部深处，通过设有严密防盗措施的狭长甬道与位于外表面的入口连接。这幅绘于 1878 年的测绘图揭示了最雄伟的胡夫金字塔内部的构造。吉萨三座金字塔的入口均位于金字塔的北向，距离地面约 15 米，原本均被严密封堵，但普遍在建成后不久就被盗贼开启侵入。照片右下角半掩埋的小洞就是当年盗贼进入胡夫金字塔的盗洞，仅高一米左右，直到今天，游客依旧通过这个盗洞进入胡夫金字塔参观。中央两层 A 字形巨石下方，则是原始入口的位置。

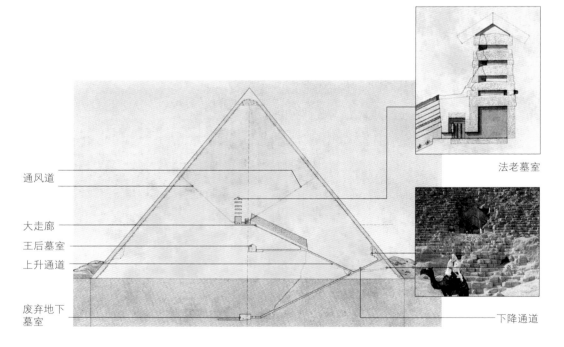

通风道

大走廊

王后墓室

上升通道

废弃地下墓室

法老墓室

下降通道

2. 法老的归宿

中王国时期，首都迁至位于峡谷地带的底比斯。由于峡谷中缺乏开阔的场地来衬托金字塔浑厚而粗犷的气势，所以陵墓建筑开始转为以宏大的祭堂建筑与纵深的序列感来体现神性与权威。此时期最著名的是两座并列的帝王陵墓——孟图霍特普二世墓以及女王哈特谢普苏特墓。与此同时，以神化统治者为核心的太阳神崇拜日益受到重视，各类神庙也得到了长足发展。至新王国时期，法老陵墓的样式也开始模仿神庙的形制。此类神庙以卡纳克和卢克索两地最为典型。此外，在征服南方的努比亚后，法老们依山开凿了以阿布辛贝勒为代表的几座巨大神庙。这一时期的埃及国力鼎盛，涌现出一批著名的统治者，如娜芙蒂蒂王后、图坦卡蒙、拉美西斯二世等。

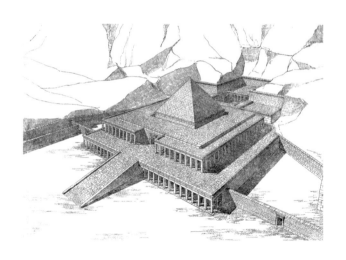

孟图霍特普二世墓复原

约建于公元前 2000 年，进入墓区首先是长达 1200 米、两侧密布狮身人面像的石板路。在开阔广场的末端是一座宏大的两层台阶式祭堂，外部环以回廊，二层上部还有一座小型金字塔。最后是大厅以及深入崖壁的墓室。此时的陵墓虽然还没有彻底摆脱金字塔的影响，但已开始通过强调纵深序列和增大祭堂建筑体量来创造一种新的建筑风格。

孟图霍特普二世像

美国纽约大都会博物馆藏。孟图霍特普二世是埃及第十一王朝法老，也是中王国时期的首位君主，在位期间统一了上下埃及。他在位时曾多次改名，反映出当时可能曾经发生一系列重大政治事件。

哈特谢普苏特墓

紧邻孟图霍特普二世墓的哈特谢普苏特墓整体布局与之类似，但通过在祭堂上使用三层柱廊，正面愈发开阔，规模也更加宏大。同时祭堂已不再出现金字塔的造型，显示了造型手法的进步。与孟图霍特普二世墓类似，二者均巧妙地利用了地形，通过严整的轴线和纵深的序列，营造出复杂神秘的仪式气氛。

卢克索太阳神庙

本时期的神庙已形成相对固定的规制，平面均为矩形，以神庙大门和内部空间作为装饰重点。大门由一对高大的梯形石墙将狭小的门道夹于中间，外部树立方尖碑。两者均密布雕饰，且多施有彩色。当举行宗教仪式时，法老自大门走出，此时太阳恰从两道石墙之间升起，法老与太阳神合一的神性特征得到了最强烈的彰显。

娜芙蒂蒂

娜芙蒂蒂是埃及法老阿蒙霍特普四世的王后。在夫君死后，娜芙蒂蒂将著名的法老图坦卡蒙收作养子，借此独掌大权了一段时间，最后可能因为政变被迫下台，她也就此失去了记载。这座著名的半身像，由德国考古学家路德维希·波尔哈特于1912年在埃及阿玛纳遗址发掘出土，已成为现今德国柏林新博物馆的镇馆之宝。

3. 土与火的传奇
——两河流域

　　巴比伦与亚述是两河流域文明的代表，其建筑以王宫和祭祀设施最为典型，具有明显的世俗化倾向，与埃及浓厚的宗教气氛区别明显。两河流域下游地区由于缺乏优质的石材与木材，所以土坯成为主要的建筑材料。但当地频繁的暴雨对土坯破坏严重，由此产生了以陶钉钉于土坯表面防水加固的做法。与此同时，两河下游地区的人民在烧制砖坯时发明了琉璃，早期琉璃砖多为单色，但很快就出现了饰有浮雕的复杂做法。一般琉璃砖底色多为蓝绿色，浮雕则为白色或金黄色，二者对比强烈，具有突出的装饰效果。

乌尔月神台复原

　　巴比伦与亚述时期的两河流域流行着构建高台建筑用以完成占星祈祷、体现山岳崇拜的风尚。此种高台称为山岳台或星相台，通常由土坯砌筑或夯土建造，高七层左右，自下而上逐层缩小，有坡道或阶梯通往顶部的小型祭堂。乌尔地区的高台称为月神台，顶部为月神庙。

神庙柱身的镶嵌装饰

　　公元前 3000 年以后，两河地区开始采用石油沥青涂刷土坯，陶钉趋于淘汰，但此种装饰手法依旧被沿用，只不过将陶钉替换成各色石片和贝壳。在今伊拉克的泰勒·乌拜德地区的宁胡尔萨格神庙中，柱子外部由螺钿、粉红色石灰岩和黑色沥青页岩共同镶嵌而成，十分华丽精美。

新巴比伦城中央大道的琉璃装饰

新巴比伦城是新巴比伦王国的首都，公元前7世纪，尼布甲尼撒二世大兴土木，将其建成当时世界上著名的繁华城市之一。城市有八个城门，其中北门就是著名的伊什塔尔门。城内重要建筑以及贯穿全城的大道两侧普遍使用琉璃砖装饰，色彩艳丽，极其辉煌。装饰内容主要是图案化的植物与动物纹饰，其中狮子是伊什塔尔女神的象征，所以得到频繁使用。

萨艮二世王宫复原

亚述的萨艮二世王宫位于国都西北角的卫城内，建于一座高达18米的台基之上，外围有密布的高墙和碉楼，土坯墙厚达3—8米，体现了浓厚的防御特色。最具特色的是王宫大门，其造型采用了两河流域下游地区的流行样式，由四座高耸的碉楼夹着三个相对低矮的门洞。

人首翼牛像

萨艮王宫门洞两侧和碉楼转角处，雕有构思巧妙的人首翼牛像。这些雕像每座均有五条腿，正面观看为两条，侧面观看为四条，转角一条是两面共用。聪慧的设计者巧妙地运用了观察角度的差异，突破自然规律，创造了符合建筑特征的装饰手法。

4. 跨越三大洲的 波斯帝国

　　波斯帝国极盛时期曾横跨欧亚非三大洲，境内信仰多元，建筑风格多变。俗称为拜火教的琐罗亚斯德教是境内的主流信仰，其宗教仪式为露天设坛祭祀，不设庙宇，由此使得帝国建筑的精华多集中于宫殿建筑中。波斯波利斯是由波斯帝国最强盛的皇帝大流士一世（亦说为居鲁士二世）及其继任者薛西斯一世建成。波斯波利斯在古波斯语中意为"波斯人的城市"，位于今伊朗设拉子城附近，面积约 135,000 平方米，建立在一座约 13 米高的石质平台之上，一半由人工搭建，一半凿山而成。城市北部为两座用于典礼的多柱式大殿，一座称之为阿帕达纳宫，另一座称为王座大厅或百柱厅。东南是财物库房，西南是后宫。这座城市被作为波斯帝国礼仪上的首都，用于接待外国使臣，是帝国权力的象征。

阿帕达纳宫

　　或译为谒见殿，建于高台之上，殿内呈正方形，面积达 3600 平方米，可同时容纳近万人，是波斯波利斯最大的宫殿，用于接见群臣和外国使节，举行庆典。由大流士一世初建于公元前 515 年，约 30 年后完成于薛西斯一世时期。现存石柱十三根及雕饰华丽的台基。

阿帕达纳宫装饰复原

　　阿帕达纳宫的装饰非常豪华，反映了波斯帝国权贵通过炫耀财富来彰显权力的习俗。建筑构件和墙体多贴有黑白两色大理石和彩色琉璃砖，部分木结构上还包裹着金箔、彩绘，外部喜好悬挂色彩鲜艳的织物。

万国门

波斯波利斯宫殿的正门被称为"万国门"，亦称"薛西斯门"或"波斯门"，门边侧柱上雕刻着人面翼兽像，这种形象在中东地区广泛存在。门上雕刻着用三种文字（古波斯文、埃兰文、古巴比伦文）所写的铭文："薛西斯一世创建此门"。

波斯柱式

宫殿内的石柱雕饰极其精美，具有独特的艺术风格。尤其是柱头部分，堪称独树一帜，普遍由仰覆莲花、类似爱奥尼柱式的涡卷，以及背对背跪踞的动物组成。动物包括牛、格里芬、独角兽等诸多类型。

狮身人面像浮雕

波斯波利斯宫殿的墙体以土坯为核心，为坚固及美观，外部大量使用了石材贴面，石材表面则通过各类浮雕进行装饰。这幅藏于大英博物馆的狮身人面像浮雕被认为可能是代表了薛西斯三世。

5. 繁密艳丽的 伊斯兰风格

当伊斯兰教兴起于中东地区时，并无自身固有的建筑形式。通过吸收罗马与拜占庭的技术与文化，集中式穹顶逐步成为伊斯兰纪念性建筑的典型样式。伴随着伊斯兰教的对外传播，在北非至东南亚的广阔地域内产生了丰富的建筑样式，其中以波斯风格、摩尔风格、莫卧儿风格以及土耳其风格较为典型。总体而言，波斯风格喜好在建筑内外满铺色彩艳丽的琉璃装饰，大量使用蜂窝拱等装饰元素，风格极为华丽。摩尔风格则喜好使用各类繁复纤密的拱券与石膏雕饰，富丽堂皇中不失典雅高贵，同时也体现了与基督教文明的交流。莫卧儿风格则吸收了诸多风格元素，得益于完备的总体布局设计和熟练的造型装饰技巧，以泰姬玛哈尔为代表，堪称伊斯兰建筑的集大成者。土耳其风格则明显受到了拜占庭建筑的影响，以其尖锐的光塔和宏大的穹顶最具特色。

圣石寺

位于耶路撒冷城内，始建于公元 7 世纪末，是现存古老的伊斯兰建筑之一，整体上属于波斯风格。建筑为八角形平面，外表饰以蓝绿色琉璃砖，中心部分为一直径 20 米的穹顶，穹顶通体贴金，十分炫目。该寺为纪念穆罕默德升天而建，在穆斯林信仰中，建筑中央的岩石是穆罕默德得到天启时站立过的地方，由此得名圣石寺。

伊玛目清真寺穹顶

该寺位于伊朗伊斯法罕，亦称沙阿清真寺，是波斯风格的典型代表之一，始建于 17 世纪初。其穹顶呈现了典型的伊斯兰穹顶风格，造型饱满尖锐，外廓微微外凸，充满张力。穹顶表面遍饰艳丽的琉璃砖，图案主要为几何化的植物纹样和阿拉伯文字。

伊玛目清真寺大门仰视

这座大门使用了经典的伊斯兰拱门做法，呈现了特殊的"内外翻转"视觉效果。拱门尖券内外满铺琉璃砖，顶部使用了典型的波斯风格钟乳拱，视觉效果华丽繁复，仰视拱顶，宛如灿烂星海。

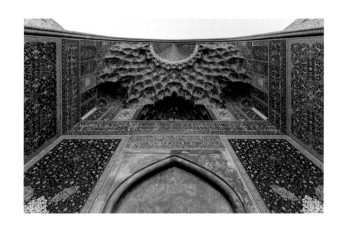

帖木儿墓

撒马尔罕的帖木儿墓始建于1403年，是中亚地区具有代表性的伊斯兰教建筑，也是后期莫卧儿风格的直接源头。陵墓主要受到波斯风格的影响，主体为八边形基座上置圆形穹顶。穹顶造型圆润，密布棱线，外轮廓微微凸出鼓座，充分彰显了穹顶的饱满与张力。陵墓主体满铺琉璃砖，大门采用典型波斯风格做法，钟乳拱与各色拼花密布其间，华丽炫目。

科尔多瓦清真寺祈祷厅内景

科尔多瓦清真寺被视为伊斯兰建筑史上的里程碑，对后期的摩尔风格建筑产生了深远影响。清真寺建成于8世纪末，至13世纪被改为教堂。现存祈祷厅是早期清真寺建筑中保存最为完好的部分，厅内装饰华丽，各类典型的摩尔风格装饰元素均有出现，如多叶拱、马蹄拱、描金彩绘石膏雕饰等。

塞维利亚王宫大使厅穹顶

穹顶构造非常复杂，最上部为镀金木雕拼镶穹顶、四角为贴金钟乳拱，下部则主要为彩绘石膏雕饰与琉璃砖。这被称为穆德哈尔风格，是13—16世纪伊比利亚地区流行的一种以伊斯兰摩尔风格为核心形成的装饰风格，同时也受到哥特、罗曼以及文艺复兴风格的影响。

塞维利亚王宫大使厅庭院

庭院与同为摩尔风格经典的阿尔罕布拉宫狮子院造型类似，均为拱廊式庭院。拱廊为典型的多叶拱造型，外部为繁复的石膏雕饰，整体上具有浓郁的摩尔风格。但下部的罗马柯林斯式柱头、二层具有文艺复兴风格的圆拱廊等，又体现了明显的基督教文化影响。

胡玛雍陵

陵墓位于印度德里，是莫卧儿王朝第二代君主的陵墓，建成于1570年。陵园坐北朝南，内有一个方形水塘，建筑采用集中式穹顶布局，角部建有与中央穹顶相呼应的小穹顶。主体由红色砂岩构成，局部镶嵌黑白两色大理石，大穹顶为白色大理石砌筑，拱门及窗户上皆雕有极为细密的格纹和几何图形。陵墓通过吸收中亚做法，形成了独特的风格，体现了莫卧儿风格成型期的特点，也直接为泰姬玛哈尔的诞生奠定了基础。

果尔·古姆巴斯陵

该建筑是德里苏丹国的穆罕默德·阿迪尔·沙阿二世的陵墓，建成于1659年，直接体现了莫卧儿风格的影响。建筑主体为立方体造型，顶部为外径达44米的巨大穹顶，是近代以前世界著名的大型穹顶之一。穹顶下部为陵墓，主体上方内修建有一圈回廊，借助穹顶的声波反射效果，在其直径的另一侧可以很清楚地听到对侧的低声细语，由此也被称为"耳语回廊"。

苏丹艾哈迈德清真寺

奥斯曼帝国灭亡拜占庭后，除了将圣索菲亚大教堂改为清真寺，还模仿其形制，在伊斯坦布尔城内建造了若干类似的大型清真寺，但整体上显得更加华丽精巧。其中著名的苏丹艾哈迈德清真寺完成于17世纪初，设计者在中央穹顶外围布置了六座光塔，显得与众不同。这种高耸细长的光塔也成为土耳其伊斯兰教建筑的最大特色。

塞利米耶清真寺穹顶

该清真寺建于16世纪末，位于土耳其埃迪尔内。建筑整体简洁明快，具有突出的向心性和上升感。穹顶造型直接继承了拜占庭做法，可见非常清晰的帆拱、鼓座、穹顶三位一体结构。但其下部柱列改为正八边形排布，较之圣索菲亚大教堂的四边形做法显得更加轻盈通透，被认为是土耳其风格的典型代表。

6. 一衣带水
——朝鲜半岛

　　朝鲜半岛在历史上与中国交流密切，其建筑风格往往受到同期中原地区建筑的影响，但也多有古风遗存。公元7世纪，新罗政权统治时期，佛教建筑发展进入兴盛时期。典型如庆州佛国寺，颇具唐代风尚，十分典雅。10世纪上半叶，高丽政权时期，佛寺建筑在中国晚唐至宋代风格的影响下，逐步趋于柔和富丽。14世纪李氏朝鲜建立后，独尊儒学，宗教势力受到很大打击，自此后朝鲜建筑的主要成就转向城市与宫室建筑。目前尚有开城南大门、平壤普通门、首尔南大门、景福宫等遗存。本时期朝鲜建筑史多地继承了高丽时期的特征，建筑曲线优美，装饰华丽，与中国明清皇家建筑有了比较明显的差异。

佛国寺山门与古桥

　　庆州佛国寺始建于公元6世纪，坐落于高台之上，形制与中国唐代寺院类似，均是围廊式。16世纪时寺院大部被烧毁，随后逐步重建，整体形式与风格仍保持了当年的旧貌。其中莲华桥和七宝桥、青云桥和白云桥被认为仍是8世纪左右的原物，现已被列为韩国国宝。

佛国寺双塔与金堂

　　佛国寺廊院中心为金堂，金堂左右有双塔对峙，呈现了典型的中国唐代早中期佛寺格局。金堂东侧的多宝塔为石仿木结构，细节逼真，较之西塔造型更加轻快秀美，具有早期风格。

荣州浮石寺

浮石寺创建于 7 世纪，寺内无量寿殿为 14 世纪所建，是韩国现存的典型早期木构建筑之一。佛殿面阔五间，进深三间，歇山顶形式。结构上采用梭柱、月梁，角柱生起明显，整体造型显得纤细精致，华丽柔美，体现了中国晚唐至宋代风格的影响。

原州法泉寺智光国师玄妙塔

智光国师玄妙塔建于 1085 年，是高丽时期的典型作品，较前期佛塔明显华丽了许多。塔高 7 米，方形二层。自上而下有宝珠、承露盘、须弥座及三层台基。各类雕饰密布全塔，但体量得当，与整体造型相得益彰，直接体现了中国宋代风尚的影响。

景福宫勤政殿

现存宫室建筑中以首尔景福宫最为典型。建筑群初建于 1394 年，1593 年毁于战乱，后于 1870 年重建，保持了旧有的格局。宫殿整体布局袭自中原王朝，采用前朝后寝格局，最后侧为御苑。宫内正殿为勤政殿，面阔五开间，重檐歇山顶，造型更多继承自高丽风格。檐口高挑，斗拱硕大，明显比明清皇家宫殿更为轻盈灵动。

7. 神的居所
——日本神社

在公元 6 世纪日本全面吸收中国文化之前，列岛内主要流行着名为神道教的泛神崇拜宗教。其祭祀场所被称为神社，一般包括安置神位的本殿、供信众参拜的拜殿以及放置祭品的币殿。早期神社建筑的样式被称为"神明造"，主体为两坡顶悬山样式，上置"御鲣木""千木"等构件，具有明显的原始建筑结构遗迹特征，是日本神社建筑的标志性做法。建筑屋身均以架空方式置于地面一米以上。入口处设窄小陡峭的木梯，出入者需跷脚跟足而行，由此彰显神社的庄严肃穆气氛。在公元7 世纪前后，伴随中国佛寺建筑的传入，神社也渐渐受到影响，逐步发展出丰富多彩的风格样式，并成为后期神社的主流。此外神社入口处普遍会设一形似 π 造型的建筑，名为"鸟居"，是区分凡间与圣地的界限。

神明造——伊势神宫本殿

神社中最重要的是三重县伊势神宫，分为内外二宫。神宫创建于公元 500 年左右，采用神明造，木结构加工精致，除个别节点有金叶包裹装饰外，均为素面，屋顶为厚达一米的草葺，建筑外观素雅柔和。伊势神宫每二十年会异地重建一次，称为"式年迁宫"，是日本建筑文化中最具特色的一个现象。

千木
甍覆
障泥板
鞭挂
御鲣木
破风
栋持柱
高栏
登高栏
短柱

権現造——北野天满宫拜殿

　　神社位于京都，初建于公元947年，现存建筑为17世纪重建，样式非常华丽，但屋面仍用桧皮修葺，保持了日本传统特色。拜殿正面为高大的歇山式屋顶，为唐破风，下部檐口上弯呈弓形，为千鸟破风。歇山屋顶贯穿前后并列的拜殿与正殿，将其连为一体，被称为权现造，是日本大型神社常用的风格。

流造——伊佐尔波神社本殿

　　神社位于爱媛县松山市，完成于17世纪，其样式名为流造，源自神明造，是日本中小型神社最常见的两类样式之一（另一类为春日造）。该神社较普通流造样式更加复杂，拜殿与正殿的屋顶联为一体，又称八幡造。这可能受到了佛寺连体建筑样式的影响。大分县的宇佐神宫也有类似样式。

日吉造——日吉大社西本宫本殿

　　位于滋贺县大津市，是日吉造风格的典型代表。现存建筑为16世纪重建，但依旧保留了平安时代的风格。最大特点是本殿的屋顶造型非常复杂，建筑前檐如舌状伸出，出挑深远，具有流造的特征。但后檐则为曲线形，形成了奇特的波浪状造型，在日本神社建筑中独树一帜。

8. 佛自西来
——日本佛寺

　　日本的佛教信仰一般认为在公元6世纪前后自朝鲜半岛传入，与之相伴，来自半岛的工匠也带来了源自中国的佛寺建造技术。此时期因日本国都位于藤原京（今奈良城南飞鸟地区），故得名飞鸟时代。至中国隋唐时期，直接来自中国的工匠开始参与寺院修造，通过此类交流，逐步奠定了日本早期佛寺的风貌。此时国都迁至平城京（今奈良市），故称为奈良时代。公元10世纪后，大和地区的阿弥陀信仰盛极一时，大批由权贵兴建、装饰华丽繁缛的阿弥陀堂不断涌现。13世纪后，日本再次引入多种中国地方做法，同时也逐步形成了具有民族特色的和式佛寺风格。17世纪后，佛教信仰日趋世俗化，此时佛寺的神圣性日渐消退，逐步蜕变为大众祈愿、游赏的风景场所。

四天王寺金堂与五重塔

　　四天王寺据载由日本佛教的首倡者圣德太子于公元593年创建，是日本最早的佛寺，也是最早的皇家寺院。历代屡有兴废，现存建筑为第二次世界大战后恢复，力求反映佛教初传日本时的佛寺原貌。寺院为廊院格局，内为五重佛塔，塔后为金堂（即正殿）。建筑风格极其古朴，诸如梭柱、分段式屋面等特征，均可在中国南北朝时期建筑上找到对应的做法。

法隆寺西院伽蓝

　　奈良法隆寺分为东西两院，西院伽蓝是飞鸟时代的典型遗存，约建于公元7世纪上半叶，同为圣德太子所建，是东亚地区现存最早的木结构建筑。寺院为回廊式，南侧中央开门，院内并列五重塔与金堂。建筑技术来自朝鲜半岛的百济地区，源头则可追溯到中国南北朝时期，但亦有明显的本土特色做法存在。寺内东院以梦殿为代表，为奈良时期遗物。

唐招提寺金堂

寺院位于奈良市五条町，是奈良时代建筑风格的典型代表。公元754年唐代高僧鉴真东渡日本，公元759年开始亲自指导修建了这座寺院，这里也由此成为日本律宗总本山。现存的金堂、讲堂、鼓楼、金藏等均大体保持了公元8世纪初建时的原貌。寺院建筑结构明晰，装饰朴素，出檐深远，气势雄浑，很好地反映了盛唐时期大型木构建筑的风貌。

奈良东大寺远眺

寺院由圣武天皇于8世纪创建，是与法隆寺齐名的日本最著名的寺院，寺内正仓院还保存了大量稀世珍宝。现存山门建于1199年，其"天竺样"做法源自中国宋代的江浙地区。金堂建于1709年，是世界现存最大的传统木构建筑，也是日本"和样"做法的典型代表。殿内供奉着高达15米、被称为"奈良大佛"的铜制卢舍那佛造像，故得名大佛殿。

清水寺

清水寺是京都古老的寺院代表，也是最著名的风景名胜。现存建筑为幕府将军德川家光于1633年重修。本时期的佛教日益世俗化，为吸引信众，优美的风景与宜人的环境已成为寺庙营建的重要考量。寺内建筑气势宏伟，结构巧妙，正殿临崖而建，视野开阔，殿宇前方出挑巨大的"舞台"，下部由一百三十九根巨木支撑。周边花木密布，春秋二季，樱花与红叶交相辉映，绚烂无比。

9. 道法自然
——日本住宅与园林

　　住宅与园林是日本建筑中最具本土文化特色的部分。自镰仓时代之后，包括皇家宫室在内的各类居住建筑普遍受到禅宗与茶道的深刻影响，表现出简约质朴的风格，但少数贵族府邸内也有非常华丽的装饰出现。园林建筑在本时期更发展出了枯山水做法，其抽象的审美意境将园林营造手法推向了极致。16世纪末，日本各地藩主纷纷开始修建一种集居住与防御功能于一体的城堡建筑。此种小城多建于小山丘或砌筑的高台之上，内外层层环绕，核心建筑名为天守。明治维新后多被拆毁，现存者仅十二座，均已成为著名景观。

京都御所紫宸殿

　　14世纪日本皇宫迁移至京都的一处离宫，即现今的京都御所，到1869年迁都东京前的历代天皇皆居住于此。这处建筑群体现了明显的大和民族风格，即使是作为正殿的紫宸殿，依旧保持了质朴的样式。特别是16世纪后，伴随日本文化倾慕自然潮流的兴起，宫室内出现了模仿田园意蕴的居室与茶舍，更将质朴自然的风格推向高潮。

桂离宫

　　桂离宫始建于1616年，位于京都郊外，是皇家成员赏月之处，体现了明显的"数寄屋造"风格，代表了和式建筑与园林的最高水准。建筑与园林均强调优雅精致而非宏大堂皇，建筑规模缩小，尺度降低，强调建筑服从于自然，追求简朴平淡的自然效果。

大德寺龙源院枯山水

日本园林最早习自中国，渐次传入本土禅宗寺庙后，与禅宗淡泊出世的情怀、冥想自悟的修行做法相结合，形成了名为"枯山水"的写意式园林。此类园林以石块象征山峦，以白沙象征湖海，以沙面的曲线象征波涛，只以少量植物点缀其间，给观者以无限的想象空间和哲学意蕴。

金阁寺

京都鹿苑寺由幕府将军足利义满于14世纪修建。寺院主体"舍利殿"是一座紧邻镜湖池的楼阁建筑，三层楼阁完美调和了日本藤原时代、镰仓时代与中国唐代三种不同时代的风格。上两层屋身全部铺以金箔，殿顶有象征吉祥的金凤装饰，故名"金阁"，由此鹿苑寺也被称为金阁寺。同时庭园中许多风格别致的日式造景，也是室町时代最具代表性的园林作品。

松本城天守

位于长野县松本市，是日本政府指定的五座国宝古城之一。松本城构造十分特殊，大天守外观为五层，内部六层。以大天守为中心，北面（图右）连通到小天守，东面则与两栋附属建筑物相连。其中前端建筑称为"月见橹"，是用来赏月宴饮的地方，设有朱漆栏杆走廊，十分雅致，据说是为了迎接幕府将军德川家光而设，在防御性突出的天守建筑中堪称独树一帜。

10. 佛陀诞生地
——印度与东南亚佛教建筑

　　佛教自释迦牟尼创立后，在公元前3世纪的阿育王时代得到大力弘扬，留下以窣堵坡、造像和寺院为主的大量遗迹。窣堵坡即佛塔，是用于掩埋佛陀和圣徒骸骨的建筑，后期演变为样式繁多的崇拜对象。早期佛教提倡苦修，故而僧人多选择人迹罕至的山区营建寺院。建筑多依山开凿而成，分为供僧人居住的毗诃罗窟和供奉窣堵坡、举行宗教仪式的支提窟，这就是后世石窟寺的前身。印度佛教艺术早期受到希腊与波斯文明的影响，在贵霜王朝时期形成了著名的犍陀罗风格，对包括中国在内的周边地区产生了广泛影响。至笈多王朝时期则更具本土特色，形成了以阿旃陀石窟为代表的一系列杰出作品。伴随佛教的传播，在印度次大陆至东亚、东南亚地区，也逐步产生了诸多具有地域风格的样式。

早期佛塔——桑奇大塔

　　桑奇大塔是早期佛塔的典型，始建于阿育王时期，可分为塔基、塔身、伞盖三部分。塔身为半球形砖砌，外表贴红砂岩，立于圆形的塔基之上。半球顶部建有小亭，内藏圣骸，小亭上部是三层伞盖。塔身以半球形象征天宇，同时作为佛的象征，由此也成为佛教徒的崇拜物。塔外有小径环绕，供信众围绕佛塔诵经瞻礼。

中期佛塔——犍陀罗式塔

　　犍陀罗式塔与早期佛塔相比，造型由扁平转为高耸，跃动感十足。无论塔基还是塔身、伞盖，均呈现了复杂的层次与装饰，显示了突出的雕塑感与纪念性，类似风格也一直延续到笈多时期。此种做法经由丝绸之路传入中国境内，汉代文献称之为"天竺式"佛塔，现今在新疆地区仍可见到类似遗迹。

晚期佛塔——菩提伽耶大塔

　　菩提伽耶位于印度东北部，据载是释迦牟尼成道之处。该地的摩诃菩提寺是一座著名佛教建筑，始建于阿育王时期，后期多次增建改建，现存主体建筑是一座立于6米高台之上、高达55米的锥形大塔，四角还建有小塔。此种做法反映了晚期佛教与当地习俗和婆罗门教的融合。同时此类做法也曾传入中国，成为元代以后中国式金刚宝座塔的原型。

尼泊尔风格佛塔

　　尼泊尔地区深受印度文化影响，但加德满都的佛塔别具特色，如俗称为猴神庙的斯瓦扬布寺，寺内佛塔的塔身类似早期佛塔，呈半球形。但塔身之上的部分十分发达，首先是一个方形基座，基座四向均绘制一双代表佛陀无上智慧的"无所不见"之眼，鼻部则以尼泊尔数字一勾勒，象征万法归一。基座之上的伞盖高高耸起，常用铜鎏金，光彩夺目，十分华丽。

爪哇风格佛塔

　　婆罗浮屠约建于公元9世纪，是全印尼的佛教中心。塔基为正方形，共九层，下六层为正方形，上三层为圆形，顶层中心是一座圆形佛塔，被七十二座钟形舍利塔团团包围。婆罗浮屠是经过整体性设计的，自上方俯瞰，就像一座曼荼罗，代表了大千世界和修行场所。还有意见认为婆罗浮屠呈现了莲花的形象，塔中佛像与《妙法莲华经》有关。

缅泰风格佛塔

佛教传入东南亚后，其样式与当地习俗和婆罗门教融合，产生了不少变化。典型如窣堵坡，在保持覆钵形塔身的同时，多有圆锥形的尖锐塔顶出现，同时按照佛教的须弥山布局，在大塔周围往往有四座或多座小塔，用来象征四大部洲等。塔身普遍装饰华丽，甚至通体贴金，十分壮观，仰光大金塔就是此类做法的典型。

毗诃罗窟

毗诃罗窟也称为精舍，造型源自当地民居样式，一般是一个方形中庭，三面环绕着供僧人起居修行的方形小窟洞，洞窟内也会设置一些小型造像，方便僧人就近修行。印度西北部埃洛拉石窟第 12 窟是一座巨大的毗诃罗窟，约建于公元 7 世纪，上下三层，内部空间宏大，均为岩壁之上开凿而成，工程十分复杂。

支提窟

支提窟造型多为条状，内部两侧设柱廊，尽端为圆形，柱列和顶部肋拱仍可看到模仿木构建筑的痕迹。石窟尽端供奉窣堵坡，举行仪式时，僧人绕窣堵坡诵经瞻礼。早期支提窟装饰较为简单，后期日趋复杂华丽。加尔利 8 号窟是印度最大的支提窟，历史可追溯至公元 120 年，立柱还有明显的波斯风格，佛塔也具有明显的早期特征，造型介于桑奇大塔与犍陀罗风格佛塔之间。

犍陀罗风格造像

公元前4世纪，马其顿亚历山大大帝东征到达印度河流域，带来了希腊与波斯文化。公元1世纪左右的贵霜时期，以现今巴基斯坦、阿富汗交界地区的犍陀罗国为代表，出现了大量受到希腊艺术影响、并融汇波斯风格的写实主义佛教造像，故名犍陀罗风格，后期也直接影响了东亚地区的佛教艺术。图为制作于公元2—3世纪的犍陀罗造像。

马图拉风格造像

马图拉亦称秣菟罗，是印度北方邦境内的一座古城，与犍陀罗并称为印度最早的两个宗教造像制作中心。但马图拉艺术并未明显受到希腊文化的影响，以贵霜王朝时期为代表，马图拉地区的佛教艺术更多地呈现了印度本土的艺术传统，喜好表现裸体，崇尚肉感与奔放的活力，与沉静细腻的犍陀罗风格差异明显，图示为公元131年制作的坐姿菩萨像。

笈多风格造像

笈多王朝是印度早期文明最辉煌的时期，其艺术风格在继承犍陀罗艺术的基础上，更多体现了本土文化的影响，马图拉区域依旧占据了重要地位。笈多风格造像大都气质沉静庄严，肢体修长，喜好将四肢与衣着表现得极其平滑，衣衫宛如薄纱贴体，具有流水般的波动韵律，如图示制作于5世纪的佛像。此种做法同样渐次传入东亚地区，中国南北朝时期流行的"曹衣出水"风格就与之密切相关。

11. 湿婆的圣域
——婆罗门教建筑

　　婆罗门教同样起源于印度，自10世纪起在南亚至东南亚地区得到很大发展，逐步取代佛教成为当地的统治性宗教，同时也兴建了大量寺庙。婆罗门寺庙的整体形制参照了世俗集会建筑和佛教建筑，但最大的特征是建筑本身就被视为一种偶像崇拜物，它既是神的居所，也是神的本体。建筑物造型并不一定反映功能与结构逻辑，屋身与屋顶往往融为一体，整体遍布雕饰，看起来宛如一件巨型雕塑作品。供奉神祇多为婆罗门教主神，包括创造之神梵天、保护之神毗湿奴、毁灭之神湿婆等，同时也会雕刻大量颂扬统治者文治武功的内容，甚至直接作为帝王陵墓使用。寺院建筑常用石材构筑，或通过开凿山崖完成，普遍体量巨大，工程浩繁，需要动用极大的人力、物力才能完成。

吴哥窟

　　柬埔寨的吴哥窟是现存规模最大的婆罗门教庙宇建筑。建筑主体为石砌，约建于公元12世纪。建筑群东西走向，以三层围廊环绕中心庙宇构成，总面积近2平方千米。建筑大多遵循印度神话中的须弥山模式，以一大四小五座佛塔并立，形成"庙山"格局，外部挖掘壕沟注水，象征大海。

吴哥窟金刚宝座塔

　　吴哥窟中央的金刚宝座塔由一座主塔和四座小塔组成，主塔高达65米，内部供奉了建造者苏利耶跋摩二世与婆罗门教保护神毗湿奴合二为一的造像，体现了当时"神王合一"的信仰，苏利耶跋摩二世死后葬于塔中，使得这里也成为国王的陵墓。宝塔细密重叠的基座、遍布繁缛雕刻的塔身都体现了典型的婆罗门教建筑特色。

埃洛拉岩凿神庙

埃洛拉第 16 窟名为凯拉萨神庙，建于公元 8 世纪晚期，是石窟群中最重要的一处建筑。16 窟高 30 米、长 82 米、宽 46 米，在整块山岩中切割开凿而成，工程十分浩大。据计算开凿了 20 万吨以上的岩石，是印度岩凿神庙的巅峰之作，堪称世界建筑艺术史上的一处丰碑。神庙的装饰雕刻同样十分精美、鬼斧神工、壮丽豪华。

石砌高塔寺院

阿鲁纳查勒斯瓦拉寺位于印度南部的泰米尔纳德邦，占地 10 万平方米，是印度大型婆罗门寺庙之一，用来供奉湿婆。现存建筑完成于 16 世纪，寺院为矩形，在四边各设一座花岗岩砌筑的方锥形多层高塔，最高一座达 66 米，是印度现存以高度著称的寺院塔楼之一。寺院内部设有大面积的石砌神殿以及若干座小塔。此种方锥形高塔在印度南部颇为流行，多有案例遗存。

尼泊尔纽瓦木构建筑

南亚地区现存的婆罗门教建筑以石质为主，但尼泊尔地区有一种被称为纽瓦风格的木结构宗教建筑。建筑一般为方形平面的楼阁建筑，上有 2—4 层重檐。檐部出檐深远，平直无起翘，结构重量由下部雕饰精美的斜撑支撑。顶部为攒尖造型，中央安置鎏金覆钟和相轮。这种建筑以加德满都谷地内三个杜巴广场内的建筑最为典型，图示为帕坦杜巴广场。

12. 太阳神与羽蛇神
——中南美洲建筑

中南美洲地区在历史上主要出现了三个文明体系，分别是墨西哥中南部的玛雅文明、阿兹特克文明以及秘鲁周边的印加文明。三者有着交流或传承关系，均创造了辉煌的城市与雄伟的纪念性建筑，特别是各类金字塔造型的神庙建筑，是尤为突出的成就之一。各类绘画、雕塑与装饰技艺也达到了极高水准。三者中玛雅文明延续时间最久，绵延达三千年以上。阿兹特克文明出现较晚，14 世纪时迅速崛起，继承了玛雅文明的主要成就。印加文明的历史也非常久远，在 15—16 世纪时达到顶峰，是美洲地区又一强大、发达的印第安文明。最终三者均被 16 世纪到来的西班牙殖民者所灭亡。

蒂卡尔金字塔

全名为蒂卡尔神庙一号塔，也称为大美洲豹神庙，是蒂卡尔城内最重要的祭祀建筑。神庙造型为玛雅文明典型的石灰石阶梯式金字塔结构，高 55 米，外部有极其陡峭的阶梯，顶部设有高耸的祭祀庙宇，建造时间可追溯到公元 8 世纪。蒂卡尔城是玛雅文明著名的城市之一，是祭祀太阳神的圣域，位于今危地马拉北部。

奇琴伊察羽蛇神金字塔

又名库库尔坎金字塔，雄居于玛雅文明晚期最大城市——奇琴伊察城的中央，是为地位崇高的羽蛇神所建神庙。金字塔为正方锥形，总高 30 米，四边依阶梯上升，直至顶端的庙宇（a）。玛雅人的天文历法十分发达，可以精确计算天体运行轨迹，并将其运用到建筑营建中。在春分与秋分的日出日落时，金字塔侧面的阶梯状棱线会在北面的阶梯上投下蛇形阴影，恰与阶梯末端的羽蛇头雕像衔接，并随着太阳位置的变化在北面滑行下降。阶梯的石块纹理又恰似羽蛇鳞片，使形象更加生动，堪称绝世奇观（b）。

特奥蒂瓦坎羽蛇神金字塔

特奥蒂瓦坎文明是今墨西哥境内的古文明，大体起始于公元前 200 年，在公元 750 年时灭亡，亦有学者认为其与玛雅文明关系密切。该文明以特奥蒂瓦坎古城为核心，遗址中留存有诸多巨大的金字塔及精美的装饰，包括了极具特色的羽蛇神金字塔。与前述玛雅文明的羽蛇神金字塔不同，此塔共六层，装饰丰富，下部还发现了数百具奉献人殉。

羽蛇神装饰

　　羽蛇神是中美洲文明中普遍信奉的神祇，通常被描绘为一条长满羽毛的蛇。按照传说，羽蛇神主宰着晨星、书籍、历法，而且给人类带来玉米。羽蛇神还代表着死亡和重生，是祭司的守护神。特奥蒂瓦坎羽蛇神金字塔的各层外边缘都装饰有羽毛状的蛇头，与名为特拉洛克的雨神头像交替出现，下部还有浮雕的羽蛇形象。

太阳金字塔

该塔是特奥蒂瓦坎古城遗址内最重要的建筑物，也是古代美洲数一数二的高大建筑物。金字塔始建于公元100年左右，边长225米、高64米，边长接近埃及最雄伟的胡夫金字塔，但由于采用了阶梯状造型，坡度较平缓，故而高度仅接近胡夫金字塔的一半。金字塔顶部可通过前方陡峭的台阶登临，原建有祭祀庙宇，但现已无存。

特诺奇蒂特兰城复原

该城是阿兹特克帝国首都，位于特斯科科湖中一座岛上，遗址被覆压于今墨西哥城之下。古城面积约13平方千米，居住人口约20万，曾是前哥伦布时期美洲最大的城市，亦是世界上著名的人工岛之一。城市中心是祭祀建筑群，包括了一系列大型金字塔造型的神庙，此外还包括宫殿、市场以及大量民居。图像展示了复原的城市祭祀建筑群。

库斯科太阳神殿

印加帝国最重要的庙宇，位于首都库斯科，约建于13—14世纪，16世纪时被西班牙殖民者拆毁，在其上新建了修道院，但部分墙体结构幸存下来。神殿建筑工艺十分精美，砌体石块体量巨大，但均经过精密加工抛光，大小均匀，严丝合缝，装饰也十分华丽。据西班牙人的记载，神庙墙壁曾经被金片覆盖，院子里遍布金色雕像，奢华程度令人难以置信。

13. 爱琴海的先声
——克里特与迈锡尼

早期的古希腊文明以爱琴海中的克里特岛和巴尔干半岛上的迈锡尼地区最为发达。约公元前 2000 年中叶，克里特岛上的城邦文明已经十分发达，其中以米诺斯的克诺索斯城最为著名。城市中多为各类世俗建筑，宗教类建筑很少，最核心的是克诺索斯王宫。王宫的内部空间非常复杂，故而希腊人将其称为迷宫，由此也衍生出以米诺斯牛为代表的神话传说。迈锡尼文明则兴盛于公元前 1500 年前后，是一个尚武强悍的城邦文明，据推测很可能就是他们灭亡了克里特文明。现存最重要的迈锡尼文明遗址是卫城，城内有宫殿、住宅、仓库、陵墓等，宫殿的形制与克里特文明类似，卫城最著名的遗址是被称为狮子门的主入口。

克诺索斯宫殿

王宫建于一座小丘陵之上，是一组规模庞大的多层平顶建筑。建筑群以一个 60 米 × 29 米的院子为核心，房屋高 1—4 层，重要建筑的墙体采用了石材砌筑，屋顶则是木屋架上覆黏土的做法。宫殿内的立柱极具特色，其上大下小的造型仿佛在摆脱地心引力，转眼要飞腾而去。

宫殿内景

由于爱琴海地区气候温和，所以房屋多对外开敞，室内外仅以柱列予以划分。房间尺度普遍不大，亲近宜人。建筑结构采用了与两河流域类似的土木混合结构，后期重要建筑的墙体逐步采用石材砌筑。室内装饰也变得非常丰富，重要房间普遍绘有大幅壁画和精美纹饰，内容包括植物纹样、动物与人物形象等。

"蓝衣贵妇"壁画复原

这幅著名的壁画描绘了蓝色背景中三位衣着华丽、饰有珠宝的女性。20 世纪初，英国考古学家阿瑟·约翰·埃文斯爵士挖掘该遗址时发现了这幅壁画的残片。随后，由瑞士艺术家和考古学家埃米尔·吉利隆进行了复原创作。

迈锡尼狮子门

迈锡尼卫城建于一处高地之上，外部是巨石砌筑的城墙，内部宫殿的形制与克里特文明类似。卫城最著名的是被称为狮子门的入口。入口门洞高、宽各 3.5 米，上部有一个三角形的雕饰，一对雄狮在拱卫一根象征王权的柱子，柱子是类似克里特文明的上大下小形式。

阿特柔斯宝库

迈锡尼卫城周边现存九座被称为圆顶墓的高等级陵墓，墓室均以石块砌筑，前部设有狭长的甬道，内部是巨大的圆形叠涩拱顶，工艺精湛，装饰华丽。其中最宏伟的一座被称为"阿特柔斯宝库"（阿特柔斯是传说中的迈锡尼国王，阿伽门农之父），约建于公元前 1300 年左右。墓室拱顶高 13.5 米，直径达 14.5 米，是罗马万神庙出现之前，世界上著名的大型穹顶建筑之一。

14. 光荣属于希腊
——希腊古典神庙

古希腊的神庙建设与各地不同的守护神信仰密切相关，由此也发展出独特的圣地文化，形成了恢宏壮丽的圣地建筑群。早期以德尔斐地区的阿波罗神庙和帕埃斯图姆的赫拉神庙较为典型。公元前5世纪上半叶，以击败波斯入侵为标志，希腊文明的经济与文化均达到了辉煌的顶峰。以雅典为代表的城邦在本时期进行了大量营建活动，最典型的当属雅典卫城。雅典早期的卫城毁于波斯入侵，战争胜利后，雅典人民认为是依靠守护神雅典娜的庇佑才得以战胜强大的敌人，故而决定倾举国之力修建卫城，用以供奉雅典娜。卫城建筑群中最重要也最为奢华壮美的建筑是祭祀雅典娜的帕特农神庙，代表了古希腊多立克柱式神庙的最高成就。同时庙宇的细部装饰精致，色彩绚烂，充分体现了希腊先民们的审美趣味与装饰技巧。

早期圣地神庙

帕埃斯图姆的赫拉神庙位于今意大利坎帕尼亚地区，建于公元前450年左右，是保存相对完好的希腊早期神庙之一。主体由三十六根粗壮的多立克柱支撑，显得健硕稳重，气势雄浑，与后期较为轻盈的神庙造型差异明显。建筑原本整体涂饰白色，各处雕饰则分别涂以红色和蓝色，具有强烈的视觉冲击力。

雅典卫城复原

19世纪铜版画所描绘的雅典卫城原貌。可见城内各处神庙及露天安置的雅典娜圣像。卫城位于一座小山之上，东西长300米，南北宽175米，城内以帕特农神庙和伊瑞克提翁神庙为核心，分布了一系列神庙与祭坛，中央广场上曾伫立有青铜雅典娜圣像。

卫城远眺

自 17 世纪以来，雅典卫城在历次战乱与掠夺中受到了极大破坏。希腊独立后，雅典卫城不断修缮恢复，现今相关工作仍在继续。特别是帕特农神庙和山门部分，大量散落残损的构件被归位修复，正在日渐恢复往日盛况。

山门复原

山门是卫城建筑群中的经典作品之一。山门外侧采用雄壮的多立克柱式，充分体现了卫城入口的庄严气象。至山门内部，为方便通行减去一排立柱，样式也转为纤细的爱奥尼柱，二者通过巧妙的设计，显得浑然一体，别具匠心。a 图中以现存遗迹为基础，配合单色线条复原了山门原貌。b 图为山门剖切，清晰显示了内部构造。

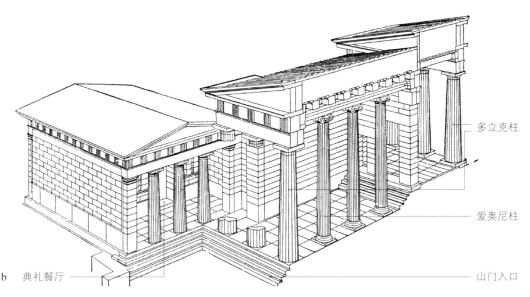

多立克柱

爱奥尼柱

b　典礼餐厅　　　　　　　　　　　　　　　　山门入口

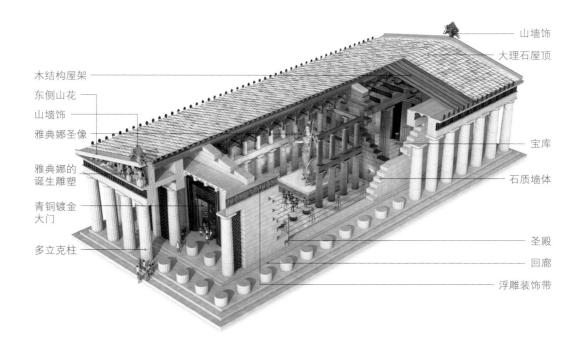

山墙饰

大理石屋顶

木结构屋架

东侧山花

山墙饰

雅典娜圣像

宝库

雅典娜的诞生雕塑

石质墙体

青铜镀金大门

圣殿

多立克柱

回廊

浮雕装饰带

至高成就——帕特农复原剖切

帕特农神庙的主体全部采用白色大理石砌筑，正面8柱，侧面17柱。大门为铜制镀金，前部是圣堂，供奉雅典城守护者雅典娜的圣像。后部为库房，存放国家档案和财物。

帕特农色彩复原

由于岁月侵蚀，现今所见古希腊建筑大体呈现了大理石本色。早期西方艺术家曾误认为希腊建筑以石质本色为主，不施用色彩。但现今已得知，当时的建筑装饰非常发达，雕饰及檐口部分均会施以色彩，通常以红蓝两色为主，局部点缀金箔，富丽堂皇。

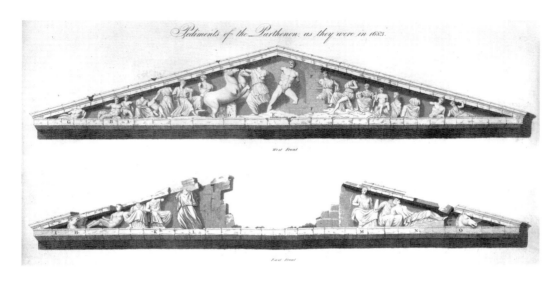

帕特农神庙东西山花群雕

　　东西山花是帕特农神庙雕饰最精华的部分。在东山墙上安置的是展现雅典娜诞生的群雕，西山墙上安置的则是雅典娜与波塞冬争夺对雅典城邦保护权的群雕。群雕突破了早期神庙山花雕饰呆板对称的做法，造型生动，比例恰当，很好地与三角形外廓融为一体，是古希腊雕塑艺术的巅峰作品。图示为 1683 年时两处山花雕塑的状况。

女像柱廊

　　伊瑞克提翁神庙的女像柱廊，被奉为希腊古典建筑的至高精华。六尊高 2.1 米的女性形象端庄娴雅，秀丽的造型进一步丰富了建筑的趣味与性格。为保护文物，女像柱原物均已移至卫城博物馆室内展厅，现今左起第二尊原物在 19 世纪被运往英国，现存大英博物馆。

女性之美——伊瑞克提翁神庙

　　卫城内的伊瑞克提翁神庙是古希腊爱奥尼柱式神庙的典型代表，为纪念雅典人的始祖而建，建筑风格清新秀丽，与帕特农神庙形成了鲜明对比。神庙主体采用纤细的爱奥尼柱式，平面呈不规则状，各部分柱列高低错落，显得颇为活泼，尤其是南侧，更标新立异地采用了女性雕像作为立柱。

15. 自然与神性
——希腊公共建筑

　　自古典时期至希腊化时期，从巴尔干半岛至小亚细亚，在希腊世界的广大地域内，伴随着广泛的文明交融，公共建筑有了很大的发展，各类创新性的样式与类型不断涌现。其中位于埃皮达鲁斯的露天剧场是市民文化发展的典型例证，充分体现了希腊民主城邦制度的平等特色。而雅典城内的风塔是用来观察气象的科技类建筑，它的出现体现了建筑功能的分化与完备。此外，本时期的纪念性建筑不再局限于神庙建筑，出现了创新性的集中式布局纪念物，对后世产生了深远影响。如位于雅典的奖杯亭被视为希腊柯林斯柱式建筑的鼻祖。而在小亚细亚地区的希腊殖民城市内，还发展出了装饰精美、体型巨大的集中式布局陵墓。祭坛也在本时期发展成一种独立的建筑形式。位于帕加马的宙斯祭坛是当时最大、最华丽的作品。

埃皮达鲁斯露天剧场

　　该剧场位于希腊南部，是建筑与自然环境结合的典范。剧场分为舞台与观众席两部分，呈扇形分布。舞台以远处的丛林山峦为背景，观众席充分利用地形，沿山坡而上，安置了 55 排座位，可容纳 12000 人，为体现人人平等，座位不区分等级高下。剧场音响效果极佳，据称观众在最后一排都可听到演员的喘息声。

雅典奖杯亭

　　奖杯亭位于雅典卫城山脚下，总高十余米，圆柱形主体建于方形台基之上，主体周围环绕六根柯林斯式的倚柱，是柯林斯柱式的早期代表作品，也是极富创新性的集中式布局纪念建筑。亭子顶部为圆锥形，最上方放置了酒神节音乐赛会的奖杯，故得名奖杯亭。

雅典风塔

风塔是一座用来观测气象的建筑。由叙利亚天文学家设计，平面为八角形，高 12.8 米，直径 8 米，顶部原设有观测风向的风标，塔体八面各雕饰有一座风神像。建筑整体形象突破了旧有柱式的限制，显得简朴而又不失精致。

宙斯祭坛

祭坛原位于今土耳其境内的帕加马城，兴建于公元前 2 世纪上半叶，现陈列于柏林帕加马博物馆。该祭坛创造了一种全新的建筑样式，主体为口字形，两翼向前伸出，坐落于大型台基之上。基座遍施浮雕，上部为爱奥尼式的柱廊。整个祭坛几乎没有内部空间，所有空间均以开敞的柱廊构成。祭祀空间就设于祭坛中部的敞廊之内。

摩索拉斯陵墓复原

位于古希腊城邦哈利卡纳苏斯（今土耳其博德鲁姆），墓主是波斯帝国在当地的总督摩索拉斯夫妇，建于公元前 350 年左右，是古代世界七大奇迹之一。英语"陵墓"（mausoleum）即源自摩索拉斯之名。建筑通高 45 米，底部长方形台基，上部为环形柱廊和金字塔形顶，最顶部为马拉战车铜像。各层分别装饰有人像、卧狮等，显示了小亚细亚乃至埃及文化的影响。

16. 伟大属于罗马
——罗马古典神庙

罗马整体上继承了希腊文明的宗教信仰与神庙规制。但本时期传统的圣地信仰已逐渐衰落，神庙不再建于城郊自然环境中，而是普遍转移到城市中心。为适应城市内密集的建筑环境，突出主入口的重要地位，罗马神庙放弃了希腊式回廊格局，逐步转为仅在正面入口设柱廊的前廊式布局。从技术角度看，共和时期的罗马神庙大体上仍延续了希腊式格局，但进入帝国时期后，伴随拱券与火山灰混凝土技术的发展，各类造型的神庙不断涌现，特别是以万神庙为代表的大型穹顶神庙的出现，开创了神庙建筑的全新格局。就祭祀对象而言，除了延续希腊独立神灵供奉祭祀的传统，罗马人泛神论的信仰使其更乐于将诸神供奉于一处，由此也产生了综合性神庙建筑，万神庙同样也是典型代表之一。

巴勒贝克神庙群复原

位于今黎巴嫩巴勒贝克的神庙群建于公元1—3世纪，包括太阳神庙、酒神庙、维纳斯庙等。造型上主要为继承希腊传统的矩形神庙，大庙前还有富有东方韵味的方形院子、六角形院子和门廊等建筑。

灶神庙

该庙坐落于罗马城外的蒂沃利，是本时期非常特殊的一类神庙，造型均采用圆形，入口面向东方，象征了灶神的火和作为生命来源的太阳之间的联系。建筑采用了当时流行的、以柯林斯柱式配合爱奥尼柱楣的希腊式装饰手法。此处风景如画，文艺复兴以来，特别是浪漫主义时期，无数艺术家与建筑师均曾描画这一景色，留下了大量作品。

万神庙外景

　　万神庙是目前保存最完好的古罗马建筑，始建于屋大维时期，后期被焚毁。在哈德良皇帝执政时期，保留修复了早期残迹，将其作为庙宇门廊，并在其后修建了一座采用穹顶覆盖的集中式布局庙宇，最终形成了现有的格局。

万神庙内景

　　万神庙主体为圆形，穹顶直径43米，高度亦为43米。中央开有一个直径为8.9米的圆洞，天光自此下泄，照亮了空阔的半球形空间，充分渲染了神秘庄严的宗教氛围。穹顶上凹入的方形壁龛在减轻穹顶自重的同时，也发挥了很好的装饰作用。环形分布的壁龛每层数量一致，面积逐层缩小，给人以强烈的升腾感。

18世纪的万神庙

　　公元609年东罗马皇帝将万神庙献给教皇波尼法爵四世，后者将它更名为"圣母与诸殉道者教堂"，并沿用至今。文艺复兴时期，该建筑物成为学者们殷切学习的对象。17世纪中叶，教皇乌尔巴诺八世为了模仿中世纪时期的教堂，下令在万神庙门廊两侧增建两座钟塔，引起了广泛争议，最终两座钟塔在1883年被拆除。

17. 声色犬马
——罗马世俗建筑

古罗马是一个世俗生活十分发达的社会，权贵与自由民往往专注于游艺交际、军事体育等活动，由此也催生了大批高质量的世俗建筑，主要包括角斗场、浴场、剧场、市场、住宅等。角斗场起源于共和末期，最早以斗兽形式出现，后期则出现了人与人的血腥角斗。从公元前1世纪开始，得益于发达的拱券技术，各大城市陆续修建了此类设施，典型如罗马城内的大角斗场。与之类似，剧场在帝国时期也得到了很大发展。古罗马人的社交活动与洗浴密切相关，共和时期各城市已开始修建公共浴场，后期更逐步将运动场、图书馆、音乐厅、演讲厅、商店等功能加入浴场，形成了一类规模宏大的功能综合体。罗马时期的住宅以内院式天井住宅最为典型，通过对庞贝古城的发掘，已可清楚了解此类建筑的特色。

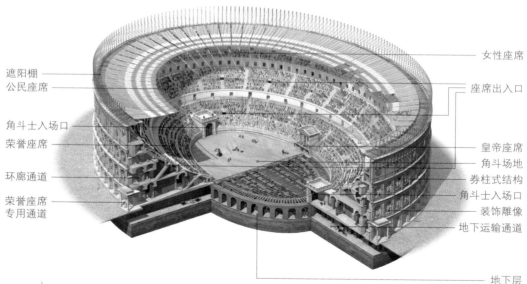

遮阳棚
公民座席
角斗士入场口
荣誉座席
环廊通道
荣誉座席专用通道

女性座席
座席出入口
皇帝座席
角斗场地
券柱式结构
角斗士入场口
装饰雕像
地下运输通道
地下层

罗马大角斗场

大角斗场为椭圆形，地上四层，地下一层。通过对券拱的出色使用，很好地满足了功能需要，是古罗马建筑技术的最高成就的集合。角斗场内的观众区可容纳五万至八万人，座席逐次升起，观演效果很好。观众区内按等级严格区分荣誉座席、公民区和女性区。三区之间均保持了5米以上的高差，不同身份的人群也会通过不同出入口进出。

戴克里先浴场复原

罗马城内的戴克里先浴场是古罗马时期最大的公共浴场，占地达 13 万平方米，主体建筑长 250 米，宽 180 米，可供 3000 人同时洗浴。通过券拱体系的使用，造就了高度发达的室内空间。室内外装饰也极为豪华，墙与地面多铺设大理石板与马赛克，柱头、檐部、壁龛等多有雕饰。这幅 1880 年的绘画展示了复原的室内场景。

米利都市场大门

在图拉真时期，以图拉真市场为范本，帝国各处普遍开始了大规模的商业市场营建。位于小亚细亚的米利都城新建的市场大门体现了希腊化风格与罗马拱券的完美结合。尤其是其中央的断裂山花，成为后期文艺复兴和巴洛克时期常见的母题元素。

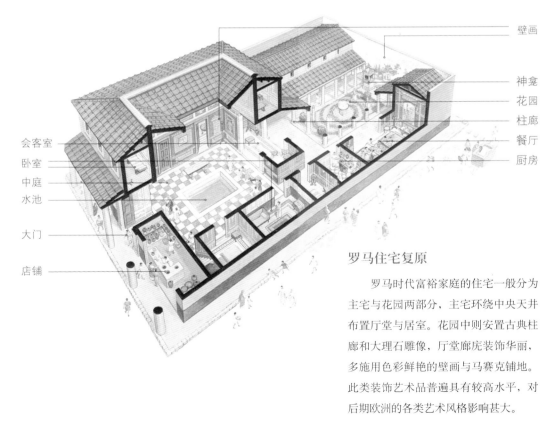

壁画

神龛
花园
柱廊
餐厅
厨房

会客室
卧室
中庭
水池
大门
店铺

罗马住宅复原

罗马时代富裕家庭的住宅一般分为主宅与花园两部分，主宅环绕中央天井布置厅堂与居室。花园中则安置古典柱廊和大理石雕像，厅堂廊庑装饰华丽，多施用色彩鲜艳的壁画与马赛克铺地。此类装饰艺术品普遍具有较高水平，对后期欧洲的各类艺术风格影响甚大。

18. 凯撒的荣耀
——罗马纪念性建筑

古罗马共和时期的纪念性建筑常被安置于城市广场之中，以建筑群的形象出现。典型如罗曼努姆广场，采用自由开放格局，内部设有神庙、元老院、被称为巴西利卡的议事集会大厅以及部分商业设施。帝国时期的广场发生了很大变化，以凯撒皇帝为起始，中央集权的不断加强使城市广场成为皇帝个人的纪念物，由此广场也变得日益规整、封闭，并形成以祭祀皇帝的庙宇为中心的格局，与之相配还出现了纪功柱、凯旋门等个新的建筑类型。其中凯旋门是为炫耀武功、纪念战争胜利而建，是帝国时期创造的一种新型建筑，其样式在随后数千年间被广泛效仿。现今相关遗迹均留存于罗马市中心的广场遗址群之内。

罗曼努姆广场遗址

历经两千余年岁月洗礼，罗马城最古老的广场现今仅存残垣断壁，但依旧是罗马文明最集中的展示。此处聚集了城内最古老的一批历史遗迹，图片居中位置为农神庙遗址，左侧为塞维鲁凯旋门，最左侧遗迹为罗马皇帝韦斯巴芗的神庙。右侧远方还依稀可见大角斗场及提图斯凯旋门。

奥古斯都广场复原

屋大维在取得内战胜利、确立统治地位后，决定兴建属于自己的纪念广场。广场选址紧邻其养父凯撒所建广场。奥古斯都广场的中央是战神复仇者神庙，用来纪念罗马战神。屋大维希望借此巩固权威，宣扬为凯撒遇刺所进行复仇活动的正当性与正义性。

哈德良墓

由罗马帝国皇帝哈德良为自己及其家人所建。此种样式一般认为源自希腊时期小亚细亚的陵墓建筑，早期亦为奥古斯都皇帝所采用。哈德良在公元 138 年去世后，其骨灰被放置在此。在帝国晚期，陵墓屡遭破坏，至中世纪，整个建筑被改建为御敌的要塞，还曾被当作监狱使用。因传闻大天使米迦勒于此出现，故后期被称为圣天使城堡。

帝国广场群复原

罗马城内帝国时期的广场由于历代增建，紧邻罗曼努姆广场形成一个新的广场群，包括了凯撒广场、奥古斯都广场、图拉真广场、涅尔瓦广场、韦斯巴芗广场等。每个广场均是以皇帝祭庙为核心的中轴对称格局。其中图拉真是帝国时期尤为强势的皇帝之一，他建立了全罗马最为宏大的广场，著名的图拉真纪功柱就位于广场之内。

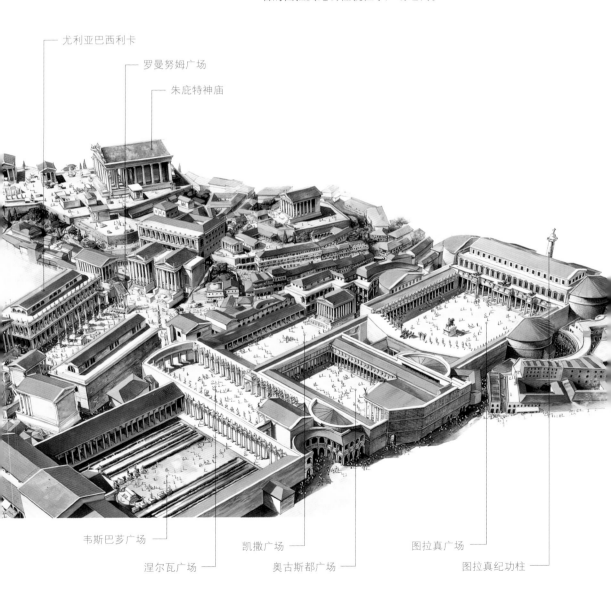

尤利亚巴西利卡

罗曼努姆广场

朱庇特神庙

韦斯巴芗广场

涅尔瓦广场

凯撒广场

奥古斯都广场

图拉真广场

图拉真纪功柱

19. 东西之间
——拜占庭建筑

公元 395 年，罗马帝国正式分裂为东西两部分。公元 476 年西罗马帝国被哥特人灭亡。以君士坦丁堡为首都的东罗马帝国则一直延续至 1453 年，被后世称为拜占庭帝国。在分裂后的一千余年时间内，拜占庭帝国一方面继承了罗马建筑的传统，同时吸收了大量东方文化元素，形成了独特的拜占庭风格，对东南欧和俄罗斯地区产生了深远影响，也对文艺复兴初期的欧洲建筑产生过重要的推动作用。拜占庭在继承罗马帝国技术传统的同时，也有重要创新，最典型的就是以圣索菲亚大教堂为代表的希腊十字布局教堂，通过帆拱的使用，进一步发展了罗马拱券技术。同时马赛克与石材拼镶工艺也达到了一个辉煌的巅峰，室内外装饰普遍富丽堂皇，极度发达。威尼斯圣马可教堂、东欧的东正教教堂均是其影响下的产物。

圣索菲亚大教堂剖切

公元 6 世纪的拜占庭帝国在查士丁尼皇帝的执掌下达到鼎盛，建筑艺术也随之迎来了黄金发展期。本时期最伟大的建筑当属圣索菲亚大教堂，圣索菲亚意为神圣和智慧。大教堂建成于公元 6 世纪中期，矩形的内殿上方是直径 32.6 米、高 15 米的大穹顶。东西两侧采用半球形穹顶来分散大穹顶的侧推力，四角则由更小的半球穹顶予以支撑。建筑整体方圆结合，非常饱满端庄。室内空间在继承希腊十字布局的基础上也有所变化，将南北两臂以柱廊分割开来，突出了东西向的礼拜空间。

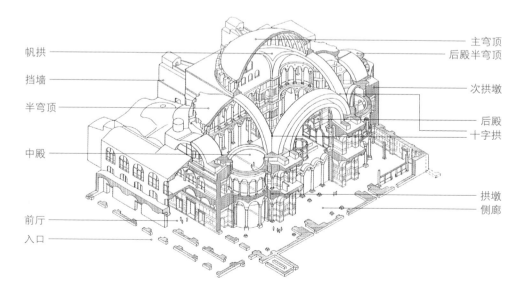

帆拱
挡墙
半穹顶
中殿
前厅
入口

主穹顶
后殿半穹顶
次拱墩
后殿
十字拱
拱墩
侧廊

东欧拜占庭风格

　　10 世纪之后的东欧拜占庭教堂逐渐发展出独特的艺术风格，穹顶日渐饱满，鼓座也高高升起，形成了突出的垂直轴线关系。11 世纪初完成的基辅圣索菲亚大教堂就以一个饱满的大穹顶为中心，环绕十二个小穹顶，象征了耶稣与十二门徒，室内尚存世界上面积最大的早期马赛克画。以此种风格为基础，最终形成了以莫斯科圣瓦西里主教座堂为代表的俄罗斯风格东正教教堂。

西欧拜占庭风格

　　11—12 世纪，十字军的军事活动将大量的拜占庭技术带回西欧。在法国西南部，12 世纪上半叶陆续兴建了一批具有罗曼风格特征，但采用拜占庭穹顶造型的教堂。其中位于佩里格的圣弗龙主教座堂最为典型，整体造型为希腊十字平面配合五个穹顶，造型与威尼斯圣马可教堂类似。但其室内十分朴素，结构简单明了，与拜占庭地区的奢靡风格差异明显。

拜占庭装饰艺术

　　拜占庭建筑的承力结构多为表面粗糙的砖或混凝土，为美观起见，大型墙面多用彩色大理石镶嵌，小面积或曲面上则采用马赛克镶嵌或粉画装饰。柱头等部分采用石雕与金属装饰。图示圣索菲亚大教堂室内，可见上部为贴金马赛克镶嵌画及镂空石雕，中部为粉画，下部为华贵的绿色花斑大理石镶板及柱身。柱头为白色大理石镂空雕刻，混合了爱奥尼与柯林斯柱头的元素，呈现了典型拜占庭风格，柱身与柱头之间还有鎏金铜箍用于加固装饰。

20. 帝国余辉
——罗曼风格

公元9世纪至12世纪是欧洲中世纪建筑的萌发期，被称为罗曼建筑时期。罗曼意为"出自罗马"，顾名思义，此类建筑是以古罗马建筑为模仿对象，但实际上早期罗曼建筑仅吸收了部分罗马建筑元素，如半圆拱、柱列、厚石墙等，设计与施工较为粗糙，装饰较为简单，造型沉重封闭，顶部也多为木桁架或笨拙的筒形拱，完全无法与罗马帝国时期的辉煌成就相提并论。但随着时间推移，晚期罗曼建筑进一步发展了拱券技术，通过肋拱技术与尖券做法，结构开始变得轻盈可靠，大型砖石拱顶开始出现，为后期哥特式建筑的发展奠定了基础。同时罗曼建筑在巴西利卡的基础上发展出了拉丁十字布局，在随后的数百年内得到了广泛运用，被奉为最正统的教堂空间布局模式。

早期巴西利卡式教堂

圣米尼亚托教堂位于意大利佛罗伦萨，是托斯卡纳地区出色的早期罗曼建筑之一，周边风光也十分优美。教堂创建于1013年，建筑顶部为木桁架，下部为圆券柱列与承重墙。室内及外立面采用了当地惯用的装饰手法，木结构表面遍施彩绘，砖石结构表面则以满布几何图案的白绿两色大理石来装饰，十分典雅清秀。

早期筒形拱顶教堂

葡萄牙里斯本主教座堂建于1147年，是这座城市中最古老的教堂。教堂历经多次地震幸存下来，期间不断改建、修复，最终融合了罗曼、哥特以及文艺复兴等风格。其中教堂的中厅仍保持了早期罗曼建筑的特色，下部为圆券柱列，顶部为筒形拱结构，较之木桁架结构更加简洁明了，但也略显沉重单调。

晚期罗曼风格教堂

卡昂男子修道院是诺曼底地区最典型的晚期罗曼建筑，也是法国哥特教堂的先驱。教堂内部的拱券结构创建于 12 世纪初，已经从早期罗马半圆形拱演变为尖券式肋拱，并出现了初步的扶壁做法。此时的工匠对拱顶力学原理有了更精确的认识，借助肋拱与扶壁，有效地降低了拱顶自重，增强了承载能力，为后期哥特式拱券的出现奠定了基础。

施派尔主教座堂

位于德国施派尔市，是世界上现存最大的罗曼风格教堂。由神圣罗马帝国皇帝亨利四世修建，完成于 1106 年。建筑采用巴西利卡式的拉丁十字布局，外部装饰简洁，门窗数量较少，采用了典型的罗曼式半圆券，整体呈现了敦厚朴实的风格。教堂同时还是神圣罗马帝国皇帝的皇家陵寝所在，沿用近三百年，亨利四世本人就埋葬于此。

比萨主教座堂

意大利比萨主教座堂是罗曼建筑中为数不多的轻灵、精美之作。建筑群始建于 1063 年，由教堂、洗礼堂以及俗称为斜塔的钟楼组成。三者的建成年代相差二百余年，但通过使用连列券柱与券廊，整体风格非常和谐统一。三座建筑均以悦目的白色大理石作为主要用材，以彩色大理石勾勒出水平线与细部轮廓，显示了拜占庭乃至伊斯兰风格的影响。

21. 源起之地
——法国哥特建筑

哥特建筑是文艺复兴时期学者对中世纪建筑的蔑称。进入 19 世纪后，哥特建筑逐渐成为欧洲各国普遍认可的民族传统风格，不再具有贬义，并成为古典复兴风潮中的重要流派。哥特建筑起源于 11 世纪的法国巴黎地区，此时全社会弥漫着浓厚的宗教情绪，教会也努力使教堂建筑更加具有震撼力，极力强调建筑的升腾感与神秘崇高气氛。源自罗曼建筑的哥特式风格由此得到了广泛运用，最终发展为以辐射式与火焰式风格为最高成就的法国哥特风格。此种风格随后影响了整个欧洲大陆，通过肋拱体系的使用，建筑成功地摆脱了承重墙的束缚，彩色玻璃窗的出现更使室内气氛绚烂无比。成熟阶段的哥特式教堂从细部到整体获得了高度统一，建筑造型与装饰手法也极为娴熟，无论在艺术与技术层面上，均取得了辉煌的成就。

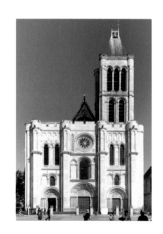

哥特建筑的源起

巴黎市郊的圣丹尼斯修道院是现存最早的哥特建筑，也是历代法王陵寝所在。建筑完成于 12 世纪中叶，立面仍具有明显的罗曼风格。时任修道院院长絮热认为，建筑应体现代表神性与天启的"和谐"与"光"的概念，故而创新性地引入了尖券与肋拱体系，轻盈的结构和谐稳定，室内强烈的上升感和大面积玻璃窗带来的斑斓效果，均体现了对"光"的渴望。教堂北塔原本十分高大，1846 年因结构问题被拆毁，形成现今格局。

哥特建筑成熟期

12—13 世纪，法国哥特教堂日趋成熟，以兰斯、亚眠、沙特尔三地的主教座堂最为突出。图示沙特尔大教堂建于 1194 年，高达 114.6 米（南塔高约 105 米），玫瑰窗直径达 13.4 米，现存一百多扇始建时的花窗玻璃，极其珍贵。西立面形成了横竖两向分三段，中央玫瑰窗下开三门，两侧置塔楼的立面处理手法，被公认是第一座完全成熟的哥特式主教座堂，其造型、结构、平面配置均成为后期教堂模仿的蓝本。

博韦主教座堂内景

　　沙特尔大教堂之后，法国兴起了教堂建设高潮，此时期的教堂中殿变得更加修长，通过加高底层拱廊高度，极大地提高了拱顶高度，形成了撼人心魄的升腾感。博韦主教座堂完成于13世纪末，中殿拱顶高度达到了47.5米，是现存最高的哥特教堂拱顶。此外，该教堂在1573年时曾建有高达153米的中塔，是当时世界上最高的建筑物。

辐射式风格

　　13世纪中叶后，法国哥特风格变得越发轻盈剔透，肋拱与扶壁更加纤细高耸，充满垂直感并满布雕刻，大量使用彩色玻璃窗，形成了名为辐射式的晚期哥特风格。以建成于1248年的巴黎皇家礼拜堂为代表，结构宛如纤细的植物枝条飞上天际，室内完全被光影绚烂的彩色玻璃窗所包围，信众彻底沉浸在华丽神秘的宗教气氛中，体现了辐射式建筑的典型特征。

火焰式风格

　　火焰式是法国哥特风格的最后阶段，本时期教堂造型愈发追求升腾、轻灵的感受，在外观上力图削弱重量感。源自伊斯兰的葱形券经过变形、复杂化后，成为重要的装饰元素，其尖锐跃动的造型宛如跳跃的火焰，故得名火焰式。鲁昂主教座堂的西立面宛如被一层纤细、轻薄的石网所笼罩，山花与玫瑰窗被雕镂得空灵异常，还加入大量的人物、动植物雕饰。该教堂绚丽的形象也成为印象派大师莫奈的最爱，先后绘制过近三十幅作品。

22. 刺破苍穹
——英国哥特建筑

英国哥特建筑无疑是受法国影响而产生的，但英国建筑师更多地将哥特风格视作一种装饰手法而非完整的设计体系，对其做了诸多修正以适应自身的趣味。与法国哥特教堂多位于城市中不同，英国哥特建筑大都坐落于乡村之中，在造型处理上也与法国哥特建筑差异颇大。英国哥特教堂平面虽仍保持拉丁十字格局，但西侧的钟塔多不甚高大，屋顶十字交叉位置的尖塔反而更加高耸，成为建筑构图中心。西立面的处理手法也非常多变，不似法国哥特式固定。此外，教堂内部肋拱与立柱的装饰作用被大大强化，成为晚期英国哥特风格的核心装饰元素，衍化出了一大批极具华丽的肋拱样式，充分体现了艺术、技术与神学、美学的完美结合，最终发展出以盛饰式和垂直式为代表的英国哥特风格。

英国哥特建筑的诞生

坎特伯雷主教座堂是英国最早的哥特式教堂，完成于1070年，建筑师是一位法国人，1174年后又有大规模改扩建，形成了现有风格。教堂造型以中部高达72米的塔楼为中心，西向双塔反而略微低矮。西立面十分开阔敦厚，中央仅开一门，体现了英国哥特风格的典型特征。内部结构则明显受到法国哥特风格的影响，如典型的六分肋拱、壁柱等做法。

肋拱装饰化的源起

林肯大教堂是欧洲著名的大型教堂，现存中塔高达83米。14—16世纪，塔楼顶部还有木制尖塔，总高达160米，曾是世界最高的建筑物。教堂最突出的特点是室内肋拱造型繁复多变，拱顶于此变为了一张交错繁密的线条之网，局部甚至有不对称的做法出现，被称为"疯狂的拱顶"，是中世纪时期有意识地强调肋拱装饰作用的最早实例。

法国辐射式风格的影响

　　威斯敏斯特修道院亦称西敏寺，是位于伦敦的英国皇室御用场所，众多名人如达尔文、牛顿、霍金等也安葬于此。现存建筑始建于 1245 年，受到辐射式风格的影响，西立面狭窄高耸，主堂宽度仅 11.6 米，但拱顶高达 31 米，造就了巍峨挺拔的效果，是当时英国最高的教堂拱顶。此外，室内还首次引入了法国风格的彩色玻璃窗。

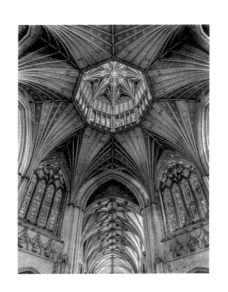

盛饰式风格

　　13—14 世纪晚期，是英国哥特建筑转向华丽奢靡的阶段，被称为盛饰式风格，最突出的特点是拱顶的日益复杂化与装饰化。伊利大教堂 1322 重建的中塔，顶部肋拱聚拢成一个华丽的八角星，下部立柱与肋拱也融为一体，宛如在天际绽放的花朵。配合穿插其间的彩色玻璃窗，形成了极其富丽堂皇的效果，也直接为垂直哥特风格奠定了基础。

垂直式风格

　　剑桥国王学院礼拜堂始建于 1446 年，与亨利七世礼拜堂同为英国哥特建筑的巅峰，被称为垂直式风格。最大特色是在继承盛饰式华丽结构的基础上，进一步强调了室内的垂直线条，立柱与肋拱完全融为一体，自拱脚伸出如花束般纤细挺拔的肋架，在拱顶中部形成伞状造型。柱间大量使用上下贯通的彩色玻璃窗，让人几乎感觉不到墙的存在，阳光投射其内，光影流转间宛若天国神界，将拱券体系的装饰效果推向了极致。

23. 汇聚交融
——德国与南欧哥特建筑

德国的哥特式建筑早期多受法国风格影响，在西部建设两座高大的钟塔并以其为构图中心，如科隆大教堂。后期则更具本土特色，西立面仅设立一座高耸的钟塔，造型更加尖锐突出，乌尔姆主教座堂就是一例。意大利由于当地深厚的古典文化传统和位于地中海中部的枢纽位置，中世纪的建筑呈现了多样化的发展，哥特风格主要出现在北部地区，如米兰主教座堂。威尼斯与托斯卡纳地区则更多地受到了当地传统的影响。与英国类似，意大利建筑师通常将哥特风格作为一种装饰手法来对待，仅在细部塑造出尖锐高耸的线条，整体上并不强调高大的体量和强烈的垂直跃动感，教堂西立面也不设置高大的钟楼。西班牙地区一方面受到法国哥特风格的强烈影响，同时伊斯兰摩尔风格的传统也深深根植于教堂建设，呈现出了独特的文化融汇状态。

德国单钟塔教堂

乌尔姆主教座堂是世界现存最高的教堂，西侧钟塔高达 161.53 米，如利剑般直刺苍穹。教堂始建于 1377 年，至 1890 年方告完成，历时五百余年，堪称世界上营建时间超长的单体建筑之一。钟塔内部中空，可以直达塔顶。除西面钟塔，教堂东侧还设有两座较小的尖塔。建筑内部空间宏大，最多可容纳三万人，是德国第二大教堂，仅次于科隆大教堂。

托斯卡纳哥特建筑

锡耶纳主教座堂具有典型的托斯卡纳哥特风格，始建于1215年，西立面保持了当地传统的三角山墙式构图，内部还保留有罗曼风格的券廊，白绿两色石材的拼镶做法也在沿用。哥特风格主要通过西立面上的三角山花、小型尖塔、雕塑来体现，部分显示了火焰式哥特的影响。教堂中部设有一座圆形穹顶，钟楼遵循当地传统，分立于教堂中部偏南侧。

威尼斯哥特建筑

威尼斯的哥特风格世俗建筑取得了很高成就。总督府兴建于1309年，设计师充分运用了柱式与拱券的艺术表现力，同时吸收伊斯兰装饰手法，造就了独特的艺术形象。建筑底层为尖券柱廊，二层模仿了教堂的券柱式构图，使用了华丽的三叶拱和四叶券造型。三层则体现了伊斯兰拼镶艺术的影响，采用白色与玫瑰色大理石拼贴装饰。两层柱廊通透灵动，强烈的光影效果与温润平滑宛如绸缎的第三层形成了鲜明对比。

西班牙哥特建筑的开端

13世纪后，以三座大型哥特式主教座堂的兴建为标志，西班牙哥特风格正式开启。其中莱昂主教座堂始建于1255年，以法国兰斯大教堂为蓝本，是当时西班牙境内最先进的辐射式风格哥特教堂。借助法国成熟的拱券技术，建筑十分轻灵通透，大面积的墙壁被花窗代替，现仍存有1800平方米的花窗玻璃，极为精美，大多为初建时的原作。

西班牙哥特风格

塞维利亚主教座堂是西班牙本土哥特风格的代表。所在地原为一座清真寺，1402年后改建为教堂，是世界现存面积最大的哥特教堂。教堂整体为类似清真寺的矩形，但中央拱顶局部升高凸起，形成一个拉丁十字布局，呈现了十分有趣的混合状态。中殿拱顶高达42米，肋拱装饰极为华丽。建筑借鉴了诸多的伊斯兰元素，高达105米的钟塔即由清真寺光塔改建而来。

24. 托斯卡纳的曙光
——文艺复兴初期

　　文艺复兴是欧洲近代的一场思想与艺术运动。彼时的人文主义知识分子为对抗顽固保守的宗教势力，将中世纪文化斥为落后与愚昧的象征，把古希腊与古罗马文化奉为先进与优秀的代表，掀起了一股"复兴"古典文化的思潮。在建筑领域通过颂扬人文主义思想，将古典建筑元素与时代需求相融合，形成了个新的文艺复兴风格建筑。文艺复兴运动以意大利地区最为兴盛，15世纪中叶是早期阶段，以佛罗伦萨、热那亚等工商业城市共和国为核心，诞生了一批与哥特式教堂风格迥异、令人耳目一新的建筑。主要建筑师有布鲁内莱斯基、阿尔伯蒂等。文艺复兴的兴起，全面推动了欧洲建筑的发展，集中式穹顶的复兴与演进是尤为突出的成就之一，同时古典柱式及其比例规律和几何秩序也被重新发掘整理，深刻影响了随后数百年的建筑艺术。

佛罗伦萨育婴院

　　始建于1419年，是布鲁内莱斯基在佛罗伦萨的首个作品，也是文艺复兴建筑的标志性起点。建筑采用了当地常见的敞廊造型，轻盈而素净，精准使用了古典柱式的比例关系，是佛罗伦萨第一座让人清晰联想起古典风格的建筑。育婴院的出现反映了一个新时代的到来，严谨的比例规律和几何秩序由此也成为文艺复兴建筑的一个基本特征。

佛罗伦萨主教座堂

　　教堂始建于1296年，属于托斯卡纳风格的哥特建筑。1419年起，文艺复兴最杰出的先行者布鲁内莱斯基耗时三十年设计建造了穹顶及采光亭。他通过融汇哥特肋拱技术与伊斯兰尖状穹顶造型，并结合古罗马穹顶做法，复兴了曾被认为是异端的拜占庭式穹顶。这座穹顶总高达107米，前所未有的尖锐高耸造型使其成为当时西欧最受人瞩目的建筑，被视作奇迹乃至神迹广为传扬，堪称早期文艺复兴建筑的光辉顶点。

巴齐礼拜堂

该建筑是布鲁内莱斯基最后的作品，始建于1441年，附属于圣十字教堂。它的造型借鉴了拜占庭式教堂，中部是一个以帆拱支承的穹顶，外观为上置采光亭的圆锥形屋顶。前檐设有柱廊，中央为罗马式半圆券，形象上与凯旋门如出一辙。礼拜堂形象丰富，比例精巧，造型朴实而明晰，与晚期哥特建筑的繁缛华丽大相径庭，显示了文艺复兴建筑的全新风尚。

新圣母玛利亚教堂

教堂始建于13世纪，原为托斯卡纳风格的哥特建筑。15世纪中叶，著名的建筑师、被誉为西方建筑理论之父的阿尔伯蒂设计了全新的西立面。设计秉持了严谨的古典几何比例，下部为柯林斯壁柱，顶部为三角楣，中部两侧创新性地使用古典涡卷纹样，使巴西利卡式教堂中殿与侧廊之间获得了平滑的过渡，非常柔美清秀，这种做法随后也成为16世纪耶稣会教堂的造型范本。

圣安德烈教堂

教堂位于意大利曼托瓦，始建于1462年，被公认是阿尔伯蒂最重要的作品。阿尔伯蒂于此创造性地将古典神庙与凯旋门结合起来，四根柯林斯壁柱托起三角楣，中央凯旋门式拱门由两根较小的壁柱支撑，造型充满古典气息但又别出心裁。室内做法也很新颖，没有采用传统的巴西利卡模式，而是以大型筒形拱覆盖中殿，空间宏大，后期直接被圣彼得大教堂所借鉴。

25. 群星灿烂
——文艺复兴盛期

15世纪末至16世纪上半叶，意大利的城邦经济严重衰退，艺术家与学者纷纷转向罗马，开始为教廷服务。文艺复兴进入了以罗马为新文化中心的全盛时期。由于服务对象的变化，此时的建筑风格开始趋于华丽而壮美，类型也更加丰富多样。代表性建筑师有伯拉孟特、米开朗基罗、拉斐尔、帕拉第奥等。以梵蒂冈圣彼得大教堂的营建为标志，文艺复兴建筑达到了巅峰。16世纪下半叶后，文艺复兴步入晚期，最具代表性的建筑师当属帕拉第奥。他通过创造性地运用古典建筑语言，完成了一大批杰出的别墅与府邸，特别是名为"帕拉第奥母题"的装饰手法，在后期得到广泛运用。纵观历史，文艺复兴运动全面推动了欧洲建筑的发展，建筑形式日新月异，结构与施工技术也取得了很大进步，建筑装饰受益于本时期绘画与造型艺术的蓬勃发展，以壁画和雕塑为代表也取得了空前的成就。

坦比哀多礼拜堂

该礼拜堂是伯拉孟特的代表作，是西欧首座成熟的集中式布局纪念建筑，被誉为文艺复兴盛期的开山之作，也为后期圣彼得大教堂的设计提供了借鉴。教堂位于罗马圣彼得修道院内，采用了罕见的圆形双层布局，下部以十六根塔司干柱围合，上部是外设透空围栏和券柱式墙面的半球形穹顶。礼拜堂中心部分直径仅4.57米，是一座十分精巧的建筑，具有强烈的雕塑感、出色的和谐美感与雍容气度。

圣彼得大教堂

自16世纪初开始，大教堂的建设历时百余年，意大利主要建筑师伯拉孟特、拉斐尔、米开朗基罗等均参与其中。该教堂代表了本时期建筑艺术与技术的最高成就，是文艺复兴运动的不朽丰碑。最终建成的圣彼得大教堂穹顶直径达42米，内部顶点高达123米，是古罗马万神庙高度的3倍。穹顶十字架的尖端更高达136.6米，成为罗马城的最高点。17世纪下半叶，由贝尼尼设计了宛如双臂围拢的大型广场，已经具有显著的巴洛克风格。

洛伦佐图书馆

1523 年为美第奇家族设计的洛伦佐图书馆是米开朗基罗的代表性建筑作品之一。图书馆位于佛罗伦萨圣洛伦佐教堂之内，他大胆地将原本用于室外的壁柱、涡卷、壁龛、山花等元素引入室内，前厅还布置了一部华丽的大理石楼梯。楼梯分三部分，中部的踏步均为弧形，深浅相间的配色，辅以两侧低矮的雕花栏杆，体现了极强的装饰效果。整个门厅呈现了强烈的雕塑感，丰富的曲线变化与样式组合也开启了巴洛克风格的先河。

基奇礼拜堂

罗马人民圣母教堂内的基奇礼拜堂是现存唯一保持原状的拉斐尔宗教建筑作品。小堂建于 1513 年，体现了明显的画家风格，装饰手法追求强烈的光影与色彩对比，同时又运用了极其丰富的几何造型，特别是金字塔造型的引入，新颖别致。此外，佛罗伦萨的潘道菲尼府邸也是拉斐尔重要的作品遗存，约建于 1518 年，是文艺复兴府邸建筑的代表作。

维琴察的巴西利卡

帕拉第奥的代表作集中于意大利北部的维琴察地区，以市中心的巴西利卡最为著名。建筑原为一座府邸，帕拉第奥将其改建为古典样式，方形屋顶下为两层通透的柱廊。柱廊样式就是著名的"帕拉第奥母题"，核心做法是将券柱式拱券嵌入一对壁柱之内。此种做法伯拉孟特、拉斐尔等人均曾使用，但帕拉第奥予以最终完善定型，后世也以其命名。

26. 意大利之外的 文艺复兴建筑

　　15世纪，文艺复兴在意大利如火如荼之时，欧洲其他地区大都仍流行着哥特风格，文艺复兴风格只是以局部装饰的形式渗入当地。但进入16世纪后，文艺复兴已成为一股不可阻挡的时尚潮流，在意大利之外产生了广泛影响，造就了一批具有地域特色的杰出作品。风潮影响的典型地域包括尼德兰、法国与西班牙。尼德兰主要以商业城市内的公共建筑为典型，如各类市政厅。法国自15世纪末开始，不断侵入意大利，当地的文艺复兴风格建筑引起了法国王室与贵族阶层的极大兴趣，并在随后逐步引入法国宫廷，诞生了以尚博尔城堡、枫丹白露宫、卢浮宫为典型的建筑。西班牙与法国类似，也是在王室的主导之下引入了文艺复兴风格建筑，以埃斯科里亚尔宫为典型，并衍生出了具有本国特色的巴洛克建筑。

安特卫普市政厅

　　位于市内大广场西侧，完成于1565年。这座早期文艺复兴建筑结合了佛兰德和意大利的影响。建筑共四层，底层拱廊使用了粗琢石，上面两层分别为多立克与爱奥尼壁柱，第四层为开放式走廊。中间部分高六层，还有哥特式尖塔的痕迹。造型以券柱式为核心，依次使用多立克、爱奥尼、柯林斯壁柱，顶部为古典三角楣，宛如一座古典神庙居于顶端。

阿姆斯特丹皇宫

　　位于市内水坝广场，具有明显的尼德兰风格，17世纪兴建时作为市政厅，随后成为拿破仑的王宫，现今仍属于荷兰王室。建筑造型较安特卫普市政厅更加简洁，底层使用粗琢石，二三层为巨柱式，其中二层为罗马柯林斯柱，三层为柯林斯柱。中央凸起古典三角楣。最上方为钟塔，造型类似坦比哀多，具有典型的文艺复兴风格。

尚博尔城堡

法国文艺复兴建筑大都以哥特风格为基础，局部加入文艺复兴式的装饰。位于卢瓦尔河谷的尚博尔城堡是法王的猎庄，始建于1519年，被认为是凡尔赛宫的先驱。建筑布局类似中世纪城堡，尖锐的屋顶和天窗具有明显的哥特风格，但其水平线条与细部装饰则采用了柱式、线角等古典元素。其中的双螺旋楼梯极具特色，据称达·芬奇参与了设计。

枫丹白露宫

枫丹白露，原意为美丽的泉水，宫殿本为巴黎郊外的小型皇家猎庄，1528年弗朗西斯一世时期由意大利艺术家进行改造，引入了大量文艺复兴元素。宫中的画廊是法国第一座装饰精美的大型画廊，也标志着文艺复兴风格在法国的全面展开。相关工程一直延续到17世纪上半叶，建筑入口最引人注目的双曲线大台阶就是当时为法国国王路易十三而作。

埃斯科里亚尔宫

位于马德里郊外，是西班牙最重要的文艺复兴建筑，始建于1563年，包含了宫殿、修道院、皇家陵墓、图书馆等。主入口采用典型文艺复兴风格，由多立克与爱奥尼壁柱托举起三角楣。后部是一座庞大的方形集中式布局教堂，但中央部分升高，外观形成了拉丁十字格局，体现了西班牙哥特风格的影响，教堂中央为直径17米的巨大穹顶。总高达95米。

27. 畸形珍珠
——罗马巴洛克建筑

　　巴洛克可直译为畸形的珍珠，也有荒谬、古怪的含义。18世纪的新古典主义艺术家认为文艺复兴晚期的这种风格违背了理性严谨的古典艺术法则，故冠以"巴洛克"的蔑称，但现今已不再具有贬义。作为文艺复兴风格的延续，巴洛克更加注重通过光影变化和层次感来增加动态视觉感受，各类曲线造型被大量使用。至巴洛克晚期，建筑、雕刻、绘画交织穿插，整个空间往往融为一体，宛如一件瑰丽的器物。巴洛克的兴起与教廷对宗教改革的排斥有着密切联系，所以早期巴洛克建筑大多为罗马地区的教堂与城市景观。为对抗新教所提倡的朴素风格，巴洛克风格日趋奢靡炫耀与形式主义，但通过华丽外表所表达出的追求世俗美、崇尚创新、追求自然的思想又有强大的生命力。直至20世纪，欧美历次建筑风潮中都或多或少地显露着巴洛克风格的影响。

罗马耶稣会教堂

　　该教堂是文艺复兴晚期建筑大师维尼奥拉的作品，被公认为巴洛克风格的先声。教堂始建于1568年，采用拉丁十字布局，中部升起一座穹顶，延续了文艺复兴风格。但在细部装饰上，立面上成对的壁柱、重叠的弧形与三角形山花、伸缩起伏明显的檐口，特别是二层极其醒目而夸张的巨大涡卷，已具有明显的巴洛克风格，此类手法日后也成为巴洛克建筑的典型特征。

圣苏珊娜教堂

　　教堂由马代尔诺设计，继承了源自耶稣会教堂的手法，但构图更加严谨，中央部分越发凸出，通过紧凑的柱列强调了垂直跃动感，造型丰富而不失整体。教堂在1603年完成后，立即成为罗马的著名建筑，被视作早期巴洛克教堂的典范。随后的建筑师以此为蓝本，开始了一场设计竞赛，竞相使用柱列、断裂山花、起伏波动的墙面来创造富有戏剧性的建筑造型。

四泉圣安德烈教堂

  贝尼尼作为巴洛克时期的设计大师，作品的古典韵味浓厚，典型如圣彼得大教堂广场。他设计的教堂则普遍较为轻快灵动，如建成于1661年的四泉圣安德烈教堂，平面为一小巧的椭圆，中央为涡卷状挡墙支撑的穹顶。立面简洁大方，以一对高大的柯林斯壁柱和前廊两根爱奥尼圆柱形成鲜明对比，顶部三角形山花与前廊断裂的弧形山花也相映成趣。

四泉圣嘉禄教堂

  相对于贝尼尼的内敛，同为巴洛克时期设计大师的博罗米尼则要前卫许多。始建于1634年的圣嘉禄教堂西立面充分体现了他的手法特点，墙面为S形曲线，起伏很大，圆形倚柱分布于曲线的各转折点上。檐口弯曲流转，顶部山花断开，中央放置巨大的椭圆形纹章。强烈的曲线凹凸与形体交错造就了炫目的动态效果与光影变化，体现了强烈的雕塑感，由此被奉为巴洛克教堂的经典作品之一。

西班牙大台阶

  建于18世纪初的西班牙大台阶是一处利用坡地营造的设施，也是罗马城内最具巴洛克色彩的城市景观。台阶平面宛如一只花瓶，最上方是兼有巴洛克与哥特风格的圣三一教堂，台阶中部膨大为椭圆形，中央安置一座方尖碑。下段逐渐收束，与下方西班牙广场内的船形大喷泉衔接。整体造型多变，台阶的分合衔接、宽窄变化、平缓与迅猛交替，造就了动人的韵律感。

28. 青出于蓝
——欧洲巴洛克建筑

受资本主义发展与宗教改革的影响，以法国、英国为代表的西欧地区当时主要流行着从巴洛克衍化而来的法国古典主义风格，巴洛克的影响更多体现在细部装饰，特别是室内装饰之上。随着时间推移，在意大利北部、西班牙、奥地利以及德意志出现了较典型的巴洛克建筑，但普遍较晚，大都延后至 18 世纪。其中意大利北部萨伏伊王朝的首府都灵，经过数代人精心营建，被誉为巴洛克之城。西班牙是顽固保守的耶稣教团大本营，巴洛克风格于此颇受青睐，与意大利本土相比，往往更加奢靡浮华，由此也诞生了名为超级巴洛克的艺术风格。奥地利维也纳是哈布斯堡王朝的首都，17 世纪后逐步引入了巴洛克风格，出现了以美景宫、圣嘉禄教堂为代表的系列作品。德意志地区的巴洛克建筑则主要出现在发达的南德地区，如巴伐利亚、萨克森等地。

加尔都西会修道院圣器室

格兰纳达的这座建筑也是超级巴洛克风格的典型代表。圣器室完成于 1764 年，继承了前期"银匠式"风格的做法，但更加复杂繁密。纹饰与造型上的变化已近令人眩晕，室内密布各种折断的檐部与山花，其间又被无数碎片状的涡卷、蚌壳与花环所簇拥。顶部天花也被碎片状的涡卷占据，目力所及的空间都被细密装饰所淹没，但正前方的大理石圣坛反而简洁明快，由此形成了鲜明的反差。

圣地亚哥 - 德孔波斯特拉主教座堂

西班牙圣地亚哥 - 德孔波斯特拉因相传圣雅各伯埋葬于此，故而成为天主教世界中仅次于耶路撒冷与罗马的圣地。主教座堂建于 1738 年，是超级巴洛克风格的典型代表。西立面延续了哥特式的双钟塔，但细部装饰中繁密的倚柱、壁龛与雕像、断裂山花与檐口、遍布各处的涡卷将建筑装饰得极其浮夸炫目。室内装饰，特别是圣坛也同样繁缛奢华。

维也纳圣嘉禄教堂

维也纳最杰出的巴洛克教堂，主体平面为椭圆形，源自罗马巴洛克教堂。上部为高耸的鼓座和椭圆形穹顶，穹顶上部还开有椭圆窗。中央入口的柯林斯式门廊让人联想起罗马万神庙，两侧双塔则反映了哥特风格的影响，但造型又是典型巴洛克手法。最有趣的是门廊两侧的巨型圆柱，模仿图拉真纪功柱，刻绘了教堂奉祀圣徒的生平事迹。各种元素碰撞融合得如此完美，直接反映了巴洛克建筑的辉煌成就。

都灵圣洛伦佐教堂穹顶

1663 年后，著名建筑师瓜里尼在都灵设计了一系列巴洛克风格作品，最具特色的是都灵主教座堂圣尸布礼拜堂和圣洛伦佐教堂的两座穹顶。瓜里尼于此分别采用了六边形叠涩和八角肋拱做法，在穹顶和采光亭之间又增设天窗，打破了文艺复兴穹顶封闭的半圆形造型，形成一种宛如镂空透雕的华丽效果，大大增强了装饰性。穹顶外观也变得丰富多变，非常新颖。

慕尼黑圣约翰教堂

教堂始建于 1733 年，也称阿萨姆教堂，是巴伐利亚晚期巴洛克建筑的代表作之一。建筑体量很小，内部为两层，十分狭长高耸。外立面采用了比罗马教堂更加华丽的嵌套多层波浪式山花，室内壁面多以彩色大理石装饰，顶部为天顶壁画，造型起伏波动。弧形墙面、弯曲檐口、扭转立柱加上细密繁复的鎏金饰件，整个空间充满了神秘莫测的气氛，令人目眩神迷。

29. 绝对王权的象征
——法国古典主义

17世纪中叶后的法国经济发达，文化繁荣，已成为欧洲文明中心。特别是路易十四执政期间，王权得到空前强化，古典主义风格应运而生。这种风格源自意大利巴洛克建筑，故而常被归入巴洛克风格的范畴，但古典主义更加强调理性与规则，通过立面的宏大秩序以及柱廊和穹顶的使用，充分彰显了国王的力量和权威。17世纪末至18世纪初，古典主义在世界范围内成为宫廷建筑、纪念建筑以及大型公共建筑的首选样式，以凡尔赛宫为代表，维也纳美泉宫、波茨坦无忧宫、圣彼得堡冬宫等均是其影响下的产物。法国古典主义将古典样式与比例关系奉为金科玉律，强调轴线与秩序，连树木与溪流都要被修整成规则的几何造型。但宏大严肃的风格特征固然可以彰显权威，却难以满足奢靡的生活情趣，于是大量细腻的巴洛克装饰手法也被运用到古典主义建筑中，特别是室内装饰中去。

卢浮宫东立面

在路易十四时期，卢浮宫迎来了大规模的扩建，设计师勒·沃等人的古典主义方案最终胜出，标志着法国古典主义风格的成熟。东立面纵向分为三段，底层为基座，中段是双柱柱廊，最上方为檐口和女儿墙。建筑在中央和两端分别凸出，将整个立面分为五段。主入口仅为一座小门，设在基座中央。整个立面轴线突出，主从分明，风格雄浑刚健，非常好地体现了宫殿建筑的性格。

伦敦圣保罗大教堂

法国古典主义在英国也有着明显影响，克里斯托弗·雷恩爵士设计的圣保罗大教堂完成于1710年，穹顶模仿圣彼得大教堂穹顶，直径达34米，总高达111米。西立面双层柱廊造型的灵感来自卢浮宫东立面，两侧双塔虽仍是哥特传统，但已具有明显的巴洛克风格。教堂内部充分吸收了哥特建筑的技术并加以发展，结构简约、轻盈，室内空间十分宏大开阔。

凡尔赛宫

凡尔赛宫是欧洲最大、最雄伟豪华的宫殿，是17—18世纪法国乃至全欧洲文化与时尚的策源地，也是法国建筑艺术与技术成就的巅峰体现。此处原为路易十三的猎庄，路易十四登基后决定在此修建一座超越西班牙埃斯科里亚尔宫的大型宫殿。自1668年开始，在勒·沃的指导下，对文艺复兴风格的猎庄进行改建，形成宫殿的核心部分。宫殿前设有前院与广场，前部为三条放射状大道，后部为几何化园林，整体设计规则严整，充分体现了古典主义法则。

巴黎荣军院教堂

1670年，路易十四下令在巴黎建造一座服务残老军人的疗养所，随后配建了一座教堂，设计者为孟莎。教堂采用希腊十字式布局，上部是直径28米的穹顶，总高达105米。孟莎娴熟运用古典比例关系，使教堂外观沉稳庄重，同时又大胆加入了不少巴洛克风格的装饰，如门前柱廊的双柱、鼓座侧面的涡卷、穹顶肋拱之间的金色装饰等，使整体气氛在严谨肃穆之余，又不失华丽明快。

伦敦圣马丁教堂

位于伦敦特拉法加广场，始建于1722年，是18世纪非常有影响力的教堂之一，曾被后世广泛模仿，设计师吉布斯是18世纪英国建筑师中唯一得到罗马巴洛克建筑师亲传的人。教堂主体为长方形，西立面是古典神庙样式的门廊，一座具有明显巴洛克风格的尖锐钟塔从其后直冲天际。钟塔最顶端密布的圆形采光窗，可能受到了瓜里尼在都灵设计的透光穹顶手法的影响。

30. 甜腻柔美的 洛可可

　　17世纪末至18世纪初，法国王权专制日益瓦解，凡尔赛风光不再，权贵人物开始转向在巴黎营造府邸，享受逍遥奢靡的生活情调。厚重华丽的巴洛克风格逐渐被抛弃，具有浓厚享乐主义色彩的洛可可风格由此登场。洛可可与巴洛克有些相似，但更加世俗化，远没有巴洛克风格那么浓厚的宗教氛围，它极力表现的是女性般的柔美精致、温馨近人与田园诗般的抒情效果，宛如一种上流社会的奢侈品，被用来消费与炫耀。这种风格最早出现在室内装饰中，随后传播到各个领域，建筑领域以法国、南德地区以及意大利北部最为典型。洛可可风格以无尽的线脚、涡卷、贝壳、仿植物的曲线图案来组织画面，惯用艳丽粉化的色彩，经常通过玻璃镜、水晶灯来强化炫目的效果。材料也倾向于使用温润纤细的木材、石膏灰泥，抛弃了冰冷僵硬的石材。

维斯教堂

　　巴伐利亚的维斯教堂始建于1745年，外观具有巴洛克风格，但仍较为朴素。室内装饰及器物却极度华丽，柔美奢靡的洛可可装饰遍布整个空间。八边形主殿的天顶以华丽的波浪状灰泥边框围拢，中央为巴洛克风格的错视壁画。东向圣坛上方另有一幅小型壁画，下方为祭坛画，两侧为彩色大理石柱。金白两色的波浪状装饰密布其间，抬头仰观，仿佛升入云端。

苏比兹府邸公主厅装饰

　　洛可可时期，贵族府邸内恢宏壮丽的大厅逐渐被摒弃，开始流行风格柔美精致的圆形、椭圆形房间。如著名的巴黎苏比兹府邸，外观延续了古典主义风格，但室内名为公主厅的椭圆形大厅，充满了洛可可式的装饰。墙壁转角均为弧形，密布各种灰泥雕刻的镀金装饰、壁画、雕塑等，室内色彩艳丽，风格柔美而轻快。

十四圣徒朝圣教堂

十四圣徒朝圣教堂位于巴伐利亚，始建于1743年，平面布局十分新颖，将正殿与圣坛设计成三个连续的椭圆形，室内遍布镀金的灰泥植物纹饰和天顶画，祭坛更是华美异常。与维斯教堂类似，外立面较为朴实，整座建筑体现了德国洛可可式教堂的典型特征，即内部空间复杂多变，装饰奢靡；外部造型则较为简洁平实，局部使用巴洛克风格，内外形成巨大反差。

维尔茨堡皇家大厅

洛可可风格除影响了德国宗教建筑，也融入了宫殿建筑中。巴伐利亚维尔茨堡完成于1744年，外观糅合了古典主义与巴洛克风格，最重要的皇家大厅内则为洛可可风格。圆顶漆成白色，中央为威尼斯画家绘制的天顶画，四周及拱券之上密布金色灰泥雕饰及小幅壁画。为衬托壁画，还出现了灰泥塑造的幔帐造型。下部为鎏金柱头的彩色大理石柱，地面也用彩色大理石铺砌，是整个宫殿中最奢华的场所。

阿马林堡镜厅

阿马林堡是一座小型皇家猎庄，建成于1739年，位于慕尼黑皇家宫殿宁芬堡的花园内。建筑一层中心是一座圆形镜厅，室内色彩一改洛可可风格惯用的金色及红黄等暖色，转为使用巴伐利亚当地传统的银色与蓝色，配合晶莹闪烁的镜面，营造出一种纯净空灵的素雅氛围，在众多奢靡甜腻的洛可可作品中显得别具一格。

31. 自然与理性
——新古典主义

　　新古典主义起源于 18 世纪中叶的法国，伴随启蒙运动而兴起，也受到了浪漫主义的影响，是一次绵延至 20 世纪、影响深远的文化艺术思潮。在建筑领域，新古典主义最初以反对洛可可与巴洛克的矫饰特征为核心，强调建筑应由最单纯的几何体构成，以结构理性为基础，装饰不能违反结构逻辑；追求"如画"的美感，强调与自然的融合。早期主要模仿古希腊、古罗马建筑和帕拉第奥式建筑，随后形成了全球性的古典复兴风潮。法国出现了颂扬拿破仑的帝国风格、第二帝国风格，并对俄罗斯产生了显著影响。英国则有罗马复兴与希腊复兴风格，以及浪漫主义影响下形成的哥特复兴风格。通常情况下，狭义的新古典主义特指法国学院派复古理论指导下形成的艺术风格，而英国及其他地域的新古典主义建筑，常被冠以古典复兴的名称以示区别。

小特里亚农宫

　　建筑完成于 18 世纪晚期，是路易十五的别墅，选址于凡尔赛宫内隐蔽幽静的密林之中，追求回归自然的"如画"气氛。宫殿造型小巧，建筑平面近方形，高两层，西立面最为精致，采用四根柯林斯柱，前部设置八字台阶。整体上采用了源自英国的帕拉第奥式风格，比例匀称，构图严谨，体现了与文艺复兴风格类似的典雅风范。

巴黎荣勋宫

　　法国新古典主义的早期代表作，完成于 1787 年。外部造型十分简约肃穆，内部还能看到巴洛克风格的影响。入口为凯旋门样式，两侧为爱奥尼柱廊，中央正厅为朴素的平顶柯林斯门廊，后部中央为穹顶覆盖的圆形沙龙。入口右侧还有一座半圆形中庭，令人联想起罗马奥古斯都广场侧翼的环廊。美国总统托马斯·杰斐逊对这座建筑十分推崇，他自己的庄园住宅也以此为原型设计。

波尔多剧院

该剧院是18世纪下半叶法国新古典主义的代表作，直接影响了随后的巴黎歌剧院。剧院为纯粹的长方体，造型十分简练，体现了古希腊建筑的影响。剧院正面是由十二根柯林斯立柱形成的柱廊，柱身直接落地，摒弃了古典主义常见的高大基座。室内装饰简洁明快，大型楼梯置于门厅中央，有效地将各部分联系起来，营造了虚实结合、变化丰富的室内空间。

巴黎先贤祠

原名万神庙，是路易十五献给巴黎守护神的教堂，用来与伦敦圣保罗大教堂争雄，1791年后用作国家名人的公墓，得名先贤祠。建筑总高83米，平面近于希腊十字。正立面采用古罗马神庙的标准样式，三角形山花下方是六根柯林斯柱，柱下不设高大基座。建筑上部是文艺复兴风格的穹顶。造型纯净简洁，是新古典主义的巅峰作品，也是法国在大革命前完成的最大建筑物。

巴黎凯旋门

始建于1806年，是拿破仑为纪念击破俄奥联军的胜利而建，也是帝国风格的代表作。建筑体量宏大，高达50米，造型仿自罗马提图斯凯旋门。凯旋门建成后，在其周围开辟了一个巨大的圆形广场，十二条大街以其为中心辐射开来，最重要的香榭丽舍大道横贯凯旋门。这座宏大的广场被称为星形广场，现名戴高乐广场，已与凯旋门共同成为巴黎的重要地标。

32. 再造辉煌
——欧洲的古典复兴

古典复兴以罗马复兴与希腊复兴为主，均以英国为核心，并广泛影响了德国、奥地利、俄罗斯与美国。罗马复兴起源于18世纪中叶，与法国新古典主义关系密切，当时的英国资产阶级通过歌颂罗马共和制度来对抗封建专制，在建筑领域即表现为对古罗马风格的推崇。希腊复兴起源于19世纪初，核心是反拿破仑战争的需要，为了对抗帝国风格，需要寻求不同于罗马建筑的新样式。在古典复兴的大背景下，希腊建筑风格成为当然之选。此外，19世纪希腊独立斗争受到英国知识阶层的广泛同情与支持，如诗人拜伦甚至为此付出了生命。同时，英国在希腊的美术考古研究成果卓著，充分掌握了古典建筑的基本特征。以上因素最终促成了希腊复兴的出现。德奥地区长久以来都是反法联盟的核心，故而也多采用希腊复兴风格。俄罗斯则更多地继承了法国新古典主义的影响，并呈现了较为杂糅的风格。

巴斯联排公寓

罗马复兴建筑最早出现在巴斯市，建筑师老伍德于1754年时设计了一座圆形广场，随后沿广场建造了一座圆形、三面开口的联排公寓。公寓内共三十六所住宅，分为三层，采用古罗马的叠柱式外观，整个造型宛如向内翻转的古罗马大竞技场。所有门窗洞均使用过梁，形成方格形的外立面格局。拱券做法被认为是罗马帝国的象征，于此遭到了摒弃。

英格兰银行

该银行是英国罗马复兴建筑最后的代表作，始建于1788年。建筑师索恩深受法国古典主义熏陶，但又不拘泥于细节。银行底层为柯林斯柱廊，上部中央突出，呈现了古典主义风格的罗马神庙样式，但六对罗马柯林斯双柱又显露出一丝巴洛克风格。银行内部则使用了希腊复兴手法，原公债大厅的天窗下伫立着十六座少女雕像，源自伊瑞克提翁神庙上的女像柱。

爱丁堡旧皇家中学校舍

爱丁堡是希腊复兴建筑的大本营，城内卡尔顿山南坡是旧皇家中学校舍。建筑群正面开阔，高居于宽大的台基之上，中央是一座围廊式建筑，六根多立克柱擎起了三角形山花，宛如雅典卫城的山门。山顶还有一座仿帕特农神庙的国家纪念堂。山脚下的广场名为滑铁卢，用以纪念对拿破仑的决定性胜利，由此也明确表达了希腊复兴风格的政治含义。

勃兰登堡门

勃兰登堡门是1788年普鲁士腓特烈大帝为庆祝七年战争胜利而建，是德意志民族精神的象征，也是德国统一的标志。主体以古希腊柱廊式大门为蓝本，采用高大的多立克柱式，顶部为安置和平女神驾驭马车的青铜群像，放弃了古典三角山花，转而采用罗马式女儿墙。这组群像曾被拿破仑作为战利品运回巴黎，滑铁卢战役后，又被索回重新安置于大门顶部。

圣以撒主教座堂

俄罗斯圣彼得堡最大的教堂，始建于1818年，高达101米。造型以新古典主义为核心，平面为希腊十字布局。西立面前廊类似巴黎先贤祠，罗马神庙样式的三角形山花下方是八根柯林斯柱，柱下不设高大基座。前廊两侧的文艺复兴风格钟塔，则显示了伦敦圣保罗大教堂的影响。上部是高大的文艺复兴风格穹顶，同样让人联想起坦比哀多。

33. 花开远方
——美国的古典复兴

美国的古典复兴风格是欧洲以外最突出的代表，取得了卓越成就。18世纪末，法国为抗衡英国的扩张，对北美独立运动给予大力援助，北美知识分子很自然地引入了法国启蒙主义思想，在建筑上则体现为罗马复兴风格的引入。以开国元勋杰斐逊为代表，在美国建国前后进行了广泛实践。至19世纪下半叶，随着南北战争的爆发，此时北方知识分子借助古希腊民主制度来宣扬自身的主张，而希腊的独立解放斗争也引起了北美人民的广泛同情，由此北美地区的建筑风格开始转向了希腊复兴风格。此种风格大致表现为两种形式，一是严格模仿古典建筑样式，如费城与纽约的旧海关大厦，直接模仿了帕特农神庙。另一类是不追求严格的形似，而是追求理想中古希腊建筑雅致、明快、简洁的整体特色，以林肯纪念堂最为典型。

弗吉尼亚州议会大厦

托马斯·杰斐逊是美国开国元勋、总统，同时也是一位杰出的建筑师。他曾游历欧洲，广泛接触学习古典建筑，回国后更致力于创造属于美国的建筑风格。他最杰出的设计当属在弗吉尼亚州进行的一系列实践，如1778年完成的州议会大厦就形似一座前廊式罗马神庙，正立面由六根爱奥尼柱和三角形山花组成，后期在侧面还各增建了两座裙房。

弗吉尼亚大学图书馆

杰斐逊曾规划设计了弗吉尼亚大学校园，其中最著名的建筑是大学图书馆，也称圆形大厅。大厅造型以罗马万神庙为蓝本，主体建于高台之上，前部是柯林斯柱式前廊，后部是圆形穹顶覆盖下的主体，体现了浓厚的罗马复兴风格。杰斐逊严格依据万神庙的尺寸进行设计，大厅直径为万神庙的一半，面积为四分之一，体积为八分之一，体现了严谨的古典主义风格。

国会大厦

早期国会大厦在 1814 年被英军烧毁，随后在杰斐逊主持下开始复建，至 1865 年完成。新国会大厦的样式混合了古典主义与新古典主义的风格，底层为糙石台基，上部为巨柱式，檐口简洁大方。穹顶模仿巴黎先贤祠但更加雄伟华丽，细部装饰着巴洛克韵味的涡卷。穹顶内部为铸铁结构，反映了当时的技术进步。雪白的大厦坐落于开阔的绿色草坪之中，非常典雅壮丽。

总统行政官邸

俗称白宫，与国会大厦同时建设，呈现了帕拉第奥与罗马复兴的混合影响。建筑小巧精致，地上为三层，底层为糙石基座，上部为简洁的两层方窗及檐口，具有明显的帕拉第奥风格。北侧中央为罗马柯林斯柱支撑的古典山花门廊。南侧中央则为朴素的平顶半圆形柱廊，内部即著名的椭圆形办公室，其灵感可能源于巴黎荣勋宫，更早的原型则是罗马灶神庙的圆形造型。

林肯纪念堂

纪念堂建于 1913 年。整体尺度模仿帕特农神庙，但改为在长边开门，周围环绕三十六根简洁明快的多立克柱，象征了林肯执政时合众国的各州。顶部为平顶，女儿墙上雕饰了象征 20 世纪初美国四十八州的四十八朵花饰。纪念堂的设计手法不追求严格的形似，而是通过构件与饰物的使用，成功体现了彼时所理解的古希腊建筑造型特点。

34. 浪漫主义与 哥特复兴

浪漫主义是18—19世纪的流行文化思潮，追求个性，向往自然，喜好表现异域风情是其最突出的特征。以英国为核心的浪漫主义建筑可分为先浪漫主义与哥特复兴两个阶段。18世纪的先浪漫主义时期流行"如画"式的风景与园林建筑，各类异域风格被大量引入。至19世纪中叶，逐步转为模仿哥特风格，称为哥特复兴时期。哥特复兴的缘起仍与反拿破仑战争有关，哥特风格此时被认为是最具有民族特色的建筑形式，日益受到重视。英国与匈牙利的国会大厦均采用了哥特复兴风格。而源于法国的古典主义、新古典主义则被认为是世界主义的、具有侵略性的风格，理应受到唾弃。此外，19世纪中晚期的批判现实主义者继承了先浪漫主义者对中世纪的美好想象，哥特风格自然也成为追求的对象。在英国之外，美国、德意志、奥匈帝国是哥特复兴风格的主要传播地，多以宗教建筑为主。

草莓山庄

进入19世纪后，英国旧贵族阶层渐趋没落，逃避现实的气氛日益浓厚，中世纪的田园生活被不断美化、夸张，成为人们的向往，模仿中世纪城堡的住宅与教堂开始流行。草莓山庄始建于1749年，是公认的哥特复兴先声。别墅位于伦敦郊外，由霍拉斯·沃波尔伯爵修建，附属园林也秉持了"如画"式风格，采用自然园林，摒弃了古典主义的几何化做法。

邱园与中国宝塔

威廉·钱伯斯是英王乔治三世的御用建筑师，早年求学于巴黎，是英国早期的新古典主义传播者之一。后期他还曾到达广州，研习了中国建筑与园林。彼时以浪漫主义为核心的"如画"式风景园林在英国正大行其道，钱伯斯将其与中国建筑风格相融合，1762年时在伦敦郊外设计了著名的邱园。园内现存一座中式宝塔，据传是以南京大报恩寺塔为原型设计的。

维也纳虔信教堂

该教堂是奥匈帝国哥特复兴风格的代表作，为纪念1853年皇帝约瑟夫遇刺幸免于难而建。教堂通过国际方案竞赛，选定了哥特复兴风格，最终于1879年完工。建筑平面为拉丁十字，采用典型的法国哥特风格，西立面开三门，两侧为尖锐高耸的钟塔，侧面还使用了飞扶壁。二战期间教堂受到严重破坏，随后逐步恢复了19世纪的原貌。

纽约圣三一教堂

受欧洲浪漫主义思潮影响，19世纪初的美国各类古典复兴风格均很流行，其中哥特复兴风格的引入主要有赖于英国建筑师的传播。出生于英国随后移居美国的建筑师厄普约翰在纽约曼哈顿设计了著名的圣三一教堂，教堂完工于1846年，高达86米，是当时纽约城最高的建筑。造型采用了极其锐利的德国单钟塔哥特风格，如利剑般直插云霄。

匈牙利国会大厦

大厦坐落于布达佩斯多瑙河畔的科苏特广场，高达96米，长268米，是该国最大的单体建筑物，也是欧洲第二大议会建筑。建筑完成于1904年，整体上属于哥特复兴风格，穹顶则体现了19世纪新文艺复兴风格的影响。大厦外部遍布尖塔与三角山花，中央高耸起两座大型尖塔，拱卫着巨大的穹顶，穹顶周边还使用了哥特风格的扶壁予以支撑。

35. 折衷主义与 技术进步

　　折衷主义是 19 世纪上半叶兴起的艺术风潮，至 20 世纪初于欧美风靡一时。早期以法国最为典型，后期则以美国较为突出。折衷主义超越了各种复古主义手法在样式上的局限，在创作中会任意模仿历史上的各种风格，并加以组合使用，故也被称为"集仿主义"。折衷主义作为一种艺术风格，虽然在表现元素上显得比较多元，但通常在比例推敲上都较为细致，对形式美的追求颇为执着，也留下了很多经典作品。与折衷主义并行，进入 19 世纪后，新材料、新技术不断出现，特别是金属承力结构与大面积玻璃的使用，都为近代建筑的发展开辟了广阔前景。通过各类新材料与技术的使用，建筑的高度与跨度突破了旧有局限，平面与空间布局也较过去自由了很多，形式与风格发生了根本性的变化。

巴黎歌剧院

　　该建筑是法国折衷主义建筑的代表作之一，正立面明显模仿了卢浮宫中央庭院的样式，装饰以巴洛克风格为主，掺杂有古典主义与洛可可的手法。剧院顶部宛如一顶皇冠，表明了其皇家剧院的身份。在技术上，歌剧院采用了先进的全铸铁框架结构，但受制于折衷主义风格，设计师不得不将新技术小心地掩盖在陈旧的躯壳之下。

巴黎圣心大教堂

　　位于蒙马特山上，始建于 1873 年，此时法国刚刚经历了普法战争与巴黎公社运动，为安抚亡灵，创造和解气氛，特地修建了这座教堂。教堂平面接近方形，下部是厚实的墙体，中央设置大穹顶，四周有四座小穹顶拱卫。建筑风格混合了拜占庭与罗曼样式。整座建筑都用白色大理石砌筑，显得纯洁而庄重。

伦敦水晶宫

　　1851 年完成的伦敦水晶宫展览馆开创了建筑样式与施工技术的新纪元。展馆总面积达 74000 平方米，堪称有史以来最庞大的建筑单体。建筑采用了先进的预制装配法，以铸铁骨架为核心，配合大面积玻璃外墙，仅用九个月就完成了这座巨无霸建筑。建筑完成后，这种前所未有的全透明建筑形式立即引起了全世界的轰动。

圣日内维耶图书馆

　　亨利·拉布鲁斯特是一位法国建筑师，他生活在折衷主义的鼎盛时期，但其作品在保持古典外观的同时，在内部结构上大胆创新。巴黎圣日内维耶图书馆的外观是折衷主义样式，但阅览室内部广泛使用了先进的铸铁框架、大面积玻璃、砖石薄墙等，使结构、装饰与功能有机结合，一切都从功能需要出发，由此也被视作现代建筑的早期尝试。

埃菲尔铁塔

　　铁塔是 1889 年巴黎世界博览会的标志性建筑。在工程师埃菲尔的领导下，历时十七个月完成，使用了七千余吨钢铁，塔高达 312 米，创造了当时世界最高建筑纪录，时至今日依旧是巴黎最高的建筑物。这座建筑通过巨型的结构与新型设备与技术，全面展示了资本主义强大的生产力，同时也显示了技术进步对建筑形式发展的巨大促进作用。

36. 多元化的 新艺术运动

19世纪80年代末至20世纪10年代，在欧洲大陆兴起了名为新艺术运动的艺术风潮，对现代建筑的诞生起到了重要的推动作用。新艺术运动的所谓"新"，是相对于此前流行的各类复古主义风潮而言，新艺术运动极力反对历史样式，尝试创造一种前所未有的艺术风格。设计师们希望通过使用工业化生产的新材料来解决建筑与工艺品的风格问题，力图找到能体现工业时代精神的装饰手法。新艺术风格建筑普遍喜欢使用模拟天然植物的曲线纹样，墙面、栏杆、窗棂、家具莫不如此。由于铁便于制作各种曲线，故而建筑装饰中大量使用了铁饰件与铁构件。伴随运动的发展，在不同国家产生了很多分支流派，如奥地利维也纳分离派等，主要代表人物包括奥塔、瓦格纳、高迪等。

塔塞尔公馆

维克多·奥塔1893年设计的布鲁塞尔塔塞尔公馆，是新艺术运动的里程碑。建筑立面直接使用铸铁件与玻璃，室内大量出现了各种模仿植物造型的流线型纹样，门厅与楼梯的墙与地面充满了盘旋缠绕的马赛克纹样，楼梯侧面和大厅内则是同样富于曲线造型的铁制立柱与栏杆。弧形的楼梯，圆润的曲线栏杆、柱头，蔓延的马赛克图案彼此呼应，和谐而统一。

施泰因霍夫教堂

奥托·瓦格纳是维也纳分离派的领军人物，也是新艺术运动的代表性设计师之一。施泰因霍夫教堂是公认杰出的新艺术风格教堂之一，曾因其前卫的手法引起很大争议，现今已成为维也纳的重要象征。建筑完成于1907年，外部装饰华丽，大量使用鎏金铁花装饰，特别是穹顶外部更是满铺金色马赛克，十分绚烂。内部装饰则较为素雅简约。

分离派纪念馆

1898 年，同属分离派的奥尔布里希设计了维也纳分离派纪念馆，造型新颖别致，十分惊艳。建筑主体由立方体块堆积而成，非常简洁，但顶部又安置了一个巨大的金色球体，球体由数千片铁叶、铁花与枝条构成，体现了新艺术风格的特性。建筑主体采用纯净的白色，主入口上方施用金色花纹，与巨大的球体遥相呼应，室内还存有著名艺术家克里姆特的作品。

奎尔公园

奎尔公园是高迪的早期作品，此处风景优美，可以俯瞰整个巴塞罗那及海湾，他曾于此居住了二十年。在这件作品中，植物曲线造型和丰富的色彩运用已很成熟，标志着高迪个人风格的形成。园内的彩色陶片及玻璃镶嵌，波浪形屋顶与墙面均是其后期作品的核心手法，此外还使用了大量与加泰罗尼亚文化传统密切相关的隐喻性装饰与符号。

米拉之家

米拉之家是高迪的代表作，他力图使整个建筑成为一座流动的雕塑，建筑外立面几乎没有一处直线，甚至屋顶的烟囱也是起伏不定。这种曲线造型不仅出现在建筑外部，其内部也尽量避免使用直线与平面。建筑的外表非常朴素，采用了当地一种乳白色的石材。由于这座建筑最早是为纪念圣母玛利亚而建，这种纯净的白色外饰显然暗含着对圣母的歌颂。

37. 装饰艺术 风格

　　装饰艺术风格是 20 世纪 20 年代在法国、美国等国家广泛流行的设计风潮。无论是材料使用还是设计形式都与现代主义有着密切联系。它反对复古主义，主张创造工业化、机械化、炫耀而张扬的美感，但从样式手法上看，则更接近于新艺术风格。以 1925 年巴黎国际现代装饰与工业艺术博览会为标志，装饰艺术风格正式登上历史舞台。法国的装饰艺术风格主要专注于日用品，特别是奢侈品的设计。美国的同类风格则在建筑领域产生了明显影响。在纽约等大城市里，建筑师热衷于以装饰为动机对各类新材料加以运用。以摩天大楼为代表，打破了旧有的方盒子模式，喜爱将建筑主体呈阶梯状向上收束，形成折线式造型，称为折线摩登风格。至 20 年代末，又出现了追求流线造型、强调运动感和速度感、更加接近于现代主义的表现方式，称为流线摩登风格。

克莱斯勒大厦

　　1930 年完工的克莱斯勒大厦被誉为装饰艺术风格的里程碑，直接改变了纽约的天际线。建筑下部是具有折衷主义意味的折线式塔楼，最突出的是上部的银色金属尖顶，宛如花朵层层绽放，又像灿烂的太阳，光芒万丈，体现了浓郁的装饰意味。第 61 层四角的鹰形雕塑则又让人联想起哥特教堂的装饰手法。

克莱斯勒大厦入口

　　大厦入口采用了典型的折线摩登风格，造型以极具力量感的尖锐线条构成，用材以金属和玻璃为核心，坚硬、简洁，充满了工业化气质。色彩则采用对比强烈的金银二色，富丽堂皇，极富炫耀气息。

帝国大厦

纽约帝国大厦也是典型的折线摩登风格，建筑形体逐步收束，最后以一座高耸的天线作为结束。外部造型十分简洁，具有浓郁的现代主义意蕴，但细部装饰，特别是尖塔部分的银色金属装饰具有典型的装饰艺术风格。室内装饰也具有类似的风格特征。

泛太平洋礼堂

礼堂位于美国洛杉矶，是一座大型综合会展建筑，于1935年建成，是美国流线摩登风格的最佳代表。1978年该建筑被列入美国国家史迹名录，惜于1989年毁于大火。建筑最具特色的是其西向入口，均采用圆润的弧形造型，令人联想起风帆、轮船烟囱与飞机机翼。

通用电气大厦顶部装饰

通用电气大厦是美国装饰艺术风格中极具特色的作品，通过将哥特复兴风格融入装饰艺术风格之中，形成了极其瑰丽炫目的艺术效果。建筑位于纽约曼哈顿，建成于1931年，高达200米，装饰十分豪华，顶部装饰艺术风格的镀金哥特式装饰，象征了电力和无线电波。

38. 走向新建筑

　　19世纪末至20世纪初，复古主义与折衷主义依旧占据着主流地位，但随之而来的一战打破了这种局面，惨重的损失使各国的战后恢复繁重而艰难。此时现代主义建筑凭借其工业化、标准化、功能性与经济性突出的特点，很好地满足了社会需求。至1939年二战全面爆发之前，通过以四位建筑大师——沃尔特·格罗皮乌斯、勒·柯布西耶、密斯·凡德罗、弗兰克·赖特为代表的现代主义建筑师们的不断努力，最终确立了现代主义建筑的基本格局。现代主义建筑是一个较为严格的风格概念，主要指摆脱了传统建筑风格束缚、能适应工业化社会的新式建筑，其核心设计观念是：重视功能与经济性，适应工业化的生产与生活；积极使用新材料与新技术，并发挥其特性；积极创造全新的建筑形式，坚持功能与形式的统一性，注重结构与造型的逻辑性，注重空间的流动性，追求简洁的处理手法和纯粹的体块。

萨伏伊别墅

　　柯布西耶是现代主义建筑风潮中最激进前卫的代表，是20世纪建筑师的杰出代表。1926年，柯布西耶针对住宅设计提出了著名的"新建筑五要素"，即底层架空、屋顶花园、自由平面、自由立面、横向长窗。1930年完成的萨伏伊别墅就是五要素的集中体现。在设计中，柯布西耶将其作为一个立体主义雕塑来看待，整个内部空间宛如一座精巧的机器。

包豪斯校舍

　　格罗皮乌斯是现代主义建筑师、理论家与教育家。1925年包豪斯迁址德绍，他设计的新教学楼采用钢混框架结构，外罩大面积玻璃，采用无挑檐的平屋顶，外墙无任何附加装饰，仅用白色抹灰。通过将不同功能的体块有机地组合起来，形成了一座前所未有的公共建筑，充分体现了包豪斯学派的特点，也标志着现代主义建筑的正式登场。

朗香教堂

1954 年，柯布西耶在法国东部山区完成的朗香教堂再次震惊了世人。这座建筑完全抛弃了他本人自 20 年代以来极力坚持的理性原则与简单几何体造型，采用了具有表现主义特征的曲线造型，创造出前所未有的教堂样式。教堂平面是不规则的，外立面在每个角度的形象都不同。阳光通过墙壁上不规则的小窗射入室内，充满了混沌与神秘的宗教气息。

巴塞罗那博览会德国馆

1929 年，密斯设计的德国馆忠实体现了他提出的"少就是多"原则，以前所未有的简约典雅造型轰动了世界。这座建筑宛如精致的工艺品，主体由八根金属柱撑起了一片薄薄的平屋顶，地板与屋顶之间以透明玻璃和精致的石墙予以分隔，空间充满了流动性，所有构件之间没有任何额外装饰。建筑用材也很考究，整座建筑散发着高贵、雅致的气息。

流水别墅

赖特生于美国威斯康星州，他深受东方哲学与艺术传统的影响，是西方建筑史上极富浪漫气质的建筑师之一。1936 年，他在匹兹堡郊区完成的流水别墅堪称西方现代建筑的永恒经典。流水别墅坐落于一处溪流之上，整座别墅以一种疏密有致、虚实相间的方式，将建筑与自然融为一体，体现了"有机建筑"富有诗意的栖居方式。

39. 从现代到 后现代

现代主义自20世纪20年代形成后，至50年代已十分成熟，其核心的国际式风格史逐步取代了流行数百年之久的复古主义与折衷主义，占据了主流地位。但随着现代主义建筑在世界范围内的推广，单一的艺术风格已难以满足不同人群与地域文化的需求，各国建筑师从自身特点出发，进行了多元化的探索。伴随着经济的发展，社会大众对自然生态与人文关怀日益重视，而工业文明与人性的对立却不断加强，对自然环境的破坏也日渐显著。凡此种种，以工业化为最大特征的现代主义建筑日益受到质疑与批判。自20世纪70年代后，众多富有创新精神的建筑师从不同角度对现代主义的设计原则与美学观点发起了全面挑战，由此也进入了后现代主义时期。各种新的建筑风格与艺术流派层出不穷，典型如解构主义、高技主义等，时至今日已没有了权威与固定模式，一切都在变化之中。

西尔斯大厦

SOM设计事务所的作品深受密斯风格的影响，以钢与玻璃为核心，自20世纪50年代以来创作了一系列具有里程碑意义的现代主义高层建筑。1974年完成的西尔斯大厦高达527米（含楼顶天线），曾保持世界第一高楼纪录达三十年之久。大厦造型是一个渐次收缩的长方体，全部为玻璃幕墙包裹，造型简洁明快，但又蕴含着巨大的力量。

悉尼歌剧院

丹麦建筑师伍重设计的悉尼歌剧院是现代主义建筑中个性化突出的作品，他将建筑设计成宛如迎风疾驰的帆船，很好地融入了当地环境。这座雪白的风帆状建筑现已成为悉尼乃至澳大利亚的象征。虽然由于过于注重形式问题，其内部功能有诸多不合理之处，但其创新性的手法开辟了全新的建筑发展道路，依旧广受赞誉。

华盛顿国家美术馆东馆

贝聿铭是杰出的第二代现代主义建筑大师，其作品善于运用几何体构图，并能妥善结合地域文化元素。华盛顿国家美术馆东馆建成于1978年，贝聿铭巧妙地利用了建筑用地中蕴含的几何元素，整座建筑造型均以三角形为母题，形成了极富新意的空间效果。随后完成的北京香山饭店、卢浮宫改造工程等，均具有类似的风格特征。

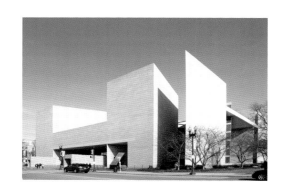

毕尔巴鄂古根海姆博物馆

　　弗兰克·盖里是一位特立独行的后现代主义建筑师，他在文化与形式上充满了叛逆精神，作品风格也被归为解构主义。博物馆采用了一系列流动扭转的几何体，配合外表沉稳的石灰石和炫目的钛金属板，完全打破了人们关于建筑形式的固有概念，被认为具有诗一般的动感，同时又充满了富丽堂皇的意味，故而也有人将此种风格称为现代巴洛克。

蓬皮杜中心

　　理查德·罗杰斯是高技主义的代表人物，1977 年完成的蓬皮杜中心位于巴黎老城区，建筑结构、管线甚至电梯都暴露在外，还特意涂成对比强烈的红、黄、蓝、绿等颜色，在充满传统气息的街区中，体现了强烈的叛逆色彩。蓬皮杜中心完全颠覆了文化建筑的传统形象，但在瓦解旧概念的同时，又通过高技术手段塑造了一种全新的、具有高度灵活性的空间概念。

chapter

3

经典
之作

1. 吉萨
金字塔群

大金字塔群

图中自左向右分别为门卡乌拉金字塔、哈夫拉金字塔和胡夫金字塔。三位法老的金字塔均以淡黄色石灰石砌筑，外部贴一层磨光的灰白色石板。它们坐落于一望无际的沙漠边缘，以稳重纯粹的造型为法老的神性与永恒做出了最好的证明。此外，在大金字塔前部还有属于王后的小型金字塔。

斯芬克斯像

亦称狮身人面像，是古埃及广泛使用的雕饰题材。这座狮身人面像位于哈夫拉金字塔旁，长约73米、宽约19米、高约20米，是现今已知最古老的纪念雕像。一般认为是在法老哈夫拉统治期内建成的。狮身人面像的鼻子和胡须已经脱落，传说是当年法军炮轰所致，但真实性有待考证。

祭祀建筑装饰

　　吉萨金字塔外围的祭祀建筑上存有大量
具有独特艺术风格的装饰。埃及绘画往往同
时展示人或动物的正面和侧面，呈现了一种
奇特的扭转效果。通常是头部与腿部是侧视，
而胸部则描绘为正视。使用的颜色主要有红、
蓝、绿、金、黑、黄。

2. 阿布辛贝勒 神庙

神庙外景

神庙大门开凿于峭壁之上，高 30 米、宽 35 米，正面雕刻了四座拉美西斯二世的坐像。内部是纵深达 55 米的大厅，最后的圣堂中央设有拉美西斯二世坐像。每年春分与秋分，初升太阳的第一道光束会穿过大门，直射到最深处的圣像身上，堪称建筑技术、艺术与宗教信仰完美结合的典范。

神庙雕饰复原

阿布辛贝勒神庙内部高大粗壮的墙壁与石柱上均密布雕饰，内容大都是歌颂法老的丰功伟业，宏大的尺度与绚丽的色彩充分彰显了帝王的权威。本幅雕刻生动表现了拉美西斯二世乘坐战车出征的英姿。

拉美西斯二世雕像

雕像现藏大英博物馆。拉美西斯二世是古埃及第十九王朝的法老，历史地位极其显赫，其执政时期是埃及新王国最后的辉煌年代。其名在古埃及语中意为"拉神之子"，他以九十多岁高龄过世，木乃伊现存埃及国家博物馆。

3. 伊什塔尔门

伊什塔尔门

　　伊什塔尔门是巴比伦内城的八座城门之一，约于公元前 575 年由尼布甲尼撒二世下令修建，用来供奉巴比伦女神伊什塔尔，曾是古代世界七大奇迹之一。城门表面用青色琉璃砖装饰，砖上交替装饰有原牛以及怒蛇浮雕。该门现存德国柏林帕加马博物馆。

原牛

　　伊什塔尔门之上的琉璃浮雕牛形象非常特殊，其造型展示了美索不达米亚地区的原始牛种形象。此种牛种已于 17 世纪彻底灭绝，其上弯的牛角是典型的特征之一。

怒蛇

　　怒蛇是古巴比伦创世神话中描绘的奇异生物，也是希腊神话中九头蛇的原型，其形象由若干种真实生物组合而成。头、颈、身躯覆盖蛇鳞，前足为狮足，后足为鹰足。头部生角、有冠，舌头如蛇一般分叉，颈部、尾巴修长，末端为蝎子尾巴的蝎针。

4. 谢赫洛特芙拉 清真寺

主入口拱门

清真寺入口是波斯风格拱门的代表作，无论是设计水准还是工艺质量均登峰造极。大门整体造型为 U 字形，满铺琉璃砖。立面上反复使用了"嵌套"与"内外翻转"等手法，钟乳拱高悬于拱顶，凸凹变化之间宛若群星闪耀。

128

清真寺外景

寺院位于伊朗伊斯法罕，建成于 1618 年，是波斯风格的典型代表。清真寺的设计非常简洁，核心的祈祷室为方形，上部是巨大的穹顶，没有复杂的庭院和附属建筑，但其内外装饰极为复杂，体现了波斯风格的最高水准。

圆顶祈祷室

祈祷室是清真寺最绚丽的装饰重点。平面为方形，上部是直径 22 米的圆形穹顶，内外满铺琉璃砖，外表为罕见的焦糖色。内部装饰称为"孔雀"，形似孔雀翎的菱形花纹伴随穹顶升高而逐步缩小，通过强化透视给人以强烈的升腾感，同时金蓝二色也把穹顶渲染得极其富丽堂皇。

5. 泰姬玛哈尔

泰姬玛哈尔

陵墓位于阿格拉，建于 17 世纪中叶，是莫卧尔王朝沙·贾汗为其挚爱的皇后蒙泰姬耗时二十二年所建。泰姬玛哈尔成功地突破了传统陵园样式，将陵墓主体置于最后端。在蓝天绿地的映衬下，高达 61 米的白色建筑显得极其突出，堪称伊斯兰建筑的集大成者，是世界古典建筑中的巅峰之作。

室内装饰与镂空窗棂

沙·贾汗先后动用印度、波斯、土耳其的各类工匠共计两万余人参与泰姬陵的建设。建筑装饰非常华丽精美。主体由各色大理石镶嵌而成，窗棂与大厅内的屏风均为透雕大理石板，墙上用翡翠、水晶、玛瑙、红绿宝石镶嵌着色彩艳丽的藤蔓花朵。

沙·贾汗与蒙泰姬

这幅精致的莫卧儿风格装饰画表现了沙·贾汗与蒙泰姬的亲密形象。据传蒙泰姬临终前向沙·贾汗提出遗愿，为她建造一座全世界最美丽的陵墓。为与白色的泰姬玛哈尔相呼应，沙·贾汗曾希望用黑色大理石为自己建造一座陵墓，但最终未能实现，他去世后被葬于泰姬玛哈尔内，与蒙泰姬相伴。

6. 阿尔罕布拉宫

狮子院内景

　　由格兰纳达的摩尔人统治者在 13 世纪兴建，是宫内最为精致典雅的院落。狮子院是一个廊院，由一百二十四根纤细的白色大理石柱围拢，柱头上部是遍布繁密雕饰的拱券。庭院中央为狮子之泉，向四方引出十字形水渠，代表四河，寓意伊斯兰信仰中的极乐园。建筑装饰细腻，造型轻快优美，是伊斯兰世俗建筑的典范，也是阿拉伯庭院艺术的代表。

摩尔风格石膏雕饰

　　石膏雕饰是摩尔风格的重要装饰手段，一般会附着于建筑构件表面。内容包括几何图案、植物纹样、阿拉伯文字等，具有极其复杂绚烂的装饰效果。初创时还会用色彩与贴金装饰，但历经风雨，现存石膏表面多已呈现本色。

达拉塞瞭望台

　　此处是宫殿角落对外的一个瞭望口，但因可眺望风景秀丽的花园，故而被装饰得极其华丽，充分体现了摩尔风格的艺术特征。室内装饰以石膏雕饰配合琉璃砖，采用了钟乳拱、多叶拱以及各类纹饰，繁密而不失典雅，堪称宫内美景的极致。

7. 日光东照宫

日光东照宫阳明门

神社位于日本栃木县日光市，始建于 1617 年，是幕府将军德川家康的家庙。建筑以"権现造"为核心，装饰十分华丽。阳明门是神社大门，为楼阁式歇山建筑，前后檐用唐破风，通体彩绘贴金，大量使用立体雕饰，体现了当时以华贵繁缛为美的奢靡风气。

德川家康像

德川家康是日本战国时代的大名，江户幕府的开创者，也是 1598—1616 年间日本的实际统治者，与其同时代的织田信长、丰臣秀吉并称为"战国三杰"。德川家康去世后，就葬于日光东照宫，现今陵墓犹存。

拜殿唐门

唐门即使用唐破风造型之门，是"権现造"神社中常见的大门做法。唐门为拜殿大门，鎏金檐口配合黑色屋瓦及白色雕饰，富丽堂皇中不失庄重典雅，整体风格与热烈奔放的阳明门差异显著。

8. 严岛神社

海中鸟居

　　严岛神社前方立于海中的大型鸟居被誉为"日本三景"之一，也被誉为日本第一鸟居，是严岛境内最知名的地标。

客社本殿与五重塔

　　客社位于本社东北侧，图左可见客社本殿秀丽柔和的屋檐造型，远景为建于 15 世纪的五重塔，显示了佛教文化对神社的影响。

自本社内远眺

　　严岛神社是日本神社中与自然环境紧密结合的典范，现今格局形成于 14 世纪。神社坐落于广岛县严岛海滨，分为本社和客社两部分，涨潮时宛若浮于水面。由于地理位置独特，景致秀丽，严岛自古就被认为是女神居住的灵岛，因此逐渐成为日本神道教信仰的中心。

9. 法隆寺

中门

奈良法隆寺内飞鸟时代的建筑集中于西院，西院大门称中门，外观为二层楼阁式重檐歇山顶。正面为罕见的四开间，于正中立柱，与后期惯用奇数开间的做法不同，反映了中国南北朝时期的建筑风尚。此时期中国汉魏洛阳皇宫正殿太极殿即为十二开间。

金堂与五重塔

　　金堂即寺内正殿，做法与中门类似，重檐歇山顶，外观二层，内部为单层。殿内供奉有众多飞鸟时期的造像与壁画。五重塔为方形塔心柱式，底层供奉佛像，上层不可登临。二者造型均轻快飘逸，诸如梭柱等做法体现了中国南北朝风格的影响，而斗拱采用了独特的曲线造型，称为云斗、云肘木，是日本7世纪建筑的独有特色。

梦殿

　　梦殿位于法隆寺东院，初建于奈良时期，在镰仓时期曾有大修。建筑平面为八角形，单檐攒尖顶，内部供奉圣德太子等身像。这种殿宇造型是中国唐代的流行做法，现今中国境内已无存，类似形象在敦煌壁画中还得以保留。

10. 唐招提寺

千手观音像

金堂作为佛寺正殿，内部现供奉有药师如来、卢舍那佛、千手观音三座主尊，均为奈良晚期至平安初期的艺术杰作。其中千手观音造型优雅，工艺精湛，是奈良造像风格的典型代表，也直接反映了中国盛唐造像的非凡风采。

讲堂

讲堂是佛寺中用于讲经学习、辨析佛理的场所。该讲堂本为平城宫内的皇家建筑，同为8世纪建造的典型奈良风格建筑，后搬迁至寺内，作为讲堂使用。建筑为单檐歇山顶，面阔九间，尺度较金堂更为庞大。

金堂

金堂虽经明治至昭和时期重修，仍基本保持了奈良时代的风格，与中国现存唐代建筑佛光寺东大殿颇为接近。建筑为单檐庑殿顶，面阔七开间，前部为敞廊，出檐深远，斗拱硕大，气势雄浑壮阔，是东亚地区现存最能反映中国盛唐气象的实例，也是日本现存唯一的奈良时代佛寺金堂。

11. 东大寺

南大门

现存大门建于 1199 年，其样式被称为天竺样或大佛样，是镰仓时代日本僧人自中国闽浙地区引进的"穿斗"式木结构做法。山门结构简洁朴素，刚健有力，与自平安时期以来日趋纤巧秀丽的"和样"风格形成了鲜明对比。

金堂

寺内金堂建于 1709 年，面阔 57 米，进深 50 米，高 46.8 米，是世界现存最大的传统木构建筑。

结构做法明显受到南大门天竺样的影响，但也有诸多改进。外观造型则是日本"和样"做法的典型代表，重檐庑殿顶，前檐使用唐破风造型，十分精致华丽。

大佛

金堂内供奉着高达 14.7 米、被称为"奈良大佛"的铜制卢舍那佛造像，由此金堂也被称为大佛殿。大佛始建于公元 745 年，随后屡遭损毁，现存大佛头部为江户时代修复，胸部为镰仓时代修复，腿部和莲座部分则尚存初创时的原物。

12. 平等院 凤凰堂

阿弥陀佛造像

藤原时代贵族阶层的信仰逐步从密宗转向净土宗。他们极力尊奉阿弥陀佛，希冀能往生极乐，同时又在现实中极尽奢靡之能，将建筑装饰得华贵无比。凤凰堂内以阿弥陀像为核心，大量使用了金饰、透雕、螺钿、彩绘等手段，营造了令人目眩的净土幻象。

园林景观

京都南郊宇治地区自平安时代以来，就是贵族别墅的聚居区。此处溪流纵横，风景优美，藤原氏在此兴建的平等院更是将寺院与园林完美结合，建筑的奢靡华贵与庭园的朴素自然形成了强烈对比，成为日式园林的杰出代表。

凤凰堂全景

1053 年兴建的京都平等院凤凰堂是日本最杰出的阿弥陀堂作品，也是日式庭园的标杆。彼时权倾朝野的藤原氏引宇治川水入庭院，在水池之西建象征极乐世界的阿弥陀堂，池水倒映佛堂，宛如极乐世界在现实中的呈现，形成了完整的"净土庭园"之喻。建筑造型宛如凤凰展翅，在中央脊部更有两只鎏金凤凰像，遂在江户时期得名"凤凰堂"。

13. 日本
三大名城

姬路城天守

　　日本最珍贵的国宝古城，位于兵库县，建成于 1618 年，已被列为世界文化遗产。中央大天守通高 46 米，外部为白色，又名白鹭城。大天守外围还有三座小天守与其呈犄角之势，四者间有回廊、土墙连接，防卫十分严密。在造型上，天守阁通过强调色彩对比，使用腰檐、曲线山花以及悬鱼等饰物，外观也变得十分壮美华丽。

名古屋城天守

　　名古屋城创建于 1525 年，江户时代是尾张藩藩主居城，随后成为德川氏居城，直至明治维新。城堡高居于台地之上，俯瞰四野，便于防守。天守内外均为五层，通高 55.6 米，十分雄伟壮观。城堡主体在 1945 年名古屋大空袭中被烧毁殆尽，1959 年当地政府重建了天守，现已成为名古屋市的重要象征之一。

大阪城天守

　　大阪城创建于 1583 年，先后成为丰臣秀吉与德川家康统治关西地区的重要基地。明治初期，大阪城毁于战乱，现存大阪城天守为 1930 年复建，虽非原物，但仍被视为具有重要的文化与历史价值，同时也是大阪地区著名的景观之一，与姬路城、名古屋城并列为日本三大名城。

28 27 26 25 24   23 22 21 29   20   19   18 17

14. 阿旃陀石窟

阿旃陀石窟全景

阿旃陀石窟是印度最大、最重要的石窟群，位于马哈拉施特拉邦一个马蹄形山谷内，环境清幽宜人。建于公元前2世纪至公元5世纪左右，包含二十九个石窟（数字为石窟标号，方框内为支提窟）。石窟内的壁画及雕塑多为笈多风格，被视为印度佛教艺术的经典，已被列为世界文化遗产。

青莲花菩萨壁画

石窟内保存了大量5世纪左右的早期壁画，极其珍贵，内容主要包括佛传故事、佛本生故事以及各类譬喻故事等。本图来自著名的第1窟，内容为青莲花菩萨，是阿旃陀壁画的精品佳作。菩萨五官俊美，身躯摇曳，姿态生动。头戴高冠，身上佩戴珠饰，华丽精细，是典型的笈多风格菩萨像。

30 15　　14 13　12 11　10 9 8　　7　　6 5　　4 3 2 1

26 窟内景

　　26 窟是最精彩的一座支提窟，建于公元 5—6 世纪，内部满布雕刻，无论佛塔还是立柱，均体现了明显的笈多风格，希腊与波斯风格的影响已很微弱。其中佛塔风格十分典型，于塔中央设置佛龛，内置大型佛像，体现了偶像崇拜与佛塔崇拜的融合。

15. 帕特农神庙

帕特农神庙夜景

　　1687 年，威尼斯军队围攻土耳其占领下的雅典卫城，炮击引爆了神庙内堆放的火药，导致神庙被炸塌。经过长期的修缮，现今神庙已得到逐步恢复，但由于爆炸导致严重破坏，中部仍可见明显的缺失。

浮雕装饰带

　　神庙柱廊内的墙体上，原本饰有长达 160 米的浮雕带，表现了节日期间雅典市民向雅典娜献祭游行的欢庆场面，浮雕现存大英博物馆。

雅典娜像复原

　　神庙前部的圣堂内，原供奉着以木材为主体，镶嵌象牙、黄金、宝石，总高约 12 米的雅典娜圣像，随着雅典的衰亡，圣像最终也不知去向。现今这座 1:1 复原作品位于美国田纳西州纳什维尔市。

16. 罗马 大角斗场

大角斗场外景

　　大角斗场为椭圆形，下部三层每层设八十个券拱，二三层每座券洞内原均有一座白色大理石雕像，第四层为实墙。通过熟练使用拱券与券柱式造型，充分利用虚实、明暗、方圆等视觉元素，使建筑造型统一而富有变化，实现了结构、功能与形式的和谐统一，无论技术还是艺术水平，均代表了古罗马建筑的最高成就。

入口装饰复原

　　大角斗场主体为石结构，初建时各处遍布装饰，十分华丽，特别是各入口处，更是历代装饰的重点。本图展示了大角斗场北向主入口的装饰画复原。复原主要根据现有遗迹，并参考了文艺复兴时期的相关记录。

大角斗场内景

　　角斗场观众区可容纳五至八万人，为有效管理人流，设计者进行了精心安排，各出入口和楼梯均有标号，各区域也分隔明确，不同身份的人群得以有效分流。兽笼安置在地下一层，在角斗时会通过机械自地下吊至地面，角斗士入场口设在底层。表演区铺满沙子，为的是借助沙层尽快吸收战斗中流出的鲜血。

17. 凯旋门与纪功柱

图拉真纪功柱

该柱采用罗马多立克柱式，含基座总高35米，底径3.7米。柱身由白色大理石砌筑而成，内部中空，可以拾级而上直达柱顶。柱身上有全长二百余米的浮雕，记述了图拉真远征达契亚的战功，柱顶为图拉真全身像（1588年改为圣彼得像）。这种立柱纪功的做法开创了欧洲纪念性建筑的先河，后期被广泛沿用。

提图斯凯旋门

建筑位于罗马广场遗址群东南角，紧邻大角斗场，是16世纪以后许多凯旋门仿效的对象，用于纪念公元70年征服和摧毁耶路撒冷。提图斯凯

旋门是一座大理石单拱凯旋门，门上雕刻有现存唯一的耶路撒冷圣殿器物形象，其中的七连灯台被用在以色列国徽之上。

君士坦丁凯旋门

始建于公元312年，是罗马城现存三座古罗马凯旋门中兴建时间最晚的一座，但也是最完整、最雄伟的一座。君士坦丁凯旋门横跨在凯旋大道之上，当时的罗马皇帝在凯旋时都会从这条路经过凯旋门进入罗马。凯旋门立面采用方形构图，纵横均分为三部分，其上遍布各类歌功颂德的雕饰。

18. 庞贝古城

萨卢斯特之家复原

庞贝城在1世纪时人口已超过2.5万，城内住宅众多，郊外尚有很多豪华别墅。该住宅是庞贝尤为豪华的宅院之一，图中可见环绕中央天井布置的厅堂，天井下方为水池。厅堂内装饰华丽，绘有色彩鲜艳的壁画与马赛克铺地。远处为花园，园中安置有喷泉与古典柱廊。

亚历山大镶嵌画局部

古罗马最著名的地板镶嵌画，约在公元前100年左右完成。发现于农牧神之家，尺寸达5.13米×2.72米，约使用了五十万块彩色马赛克拼镶而成。画中马其顿国王亚历山大身着绘有蛇发女妖美杜莎的胸甲，右手紧握长矛，纵马从左侧冲入战场，追击正在溃退的波斯大流士三世。

神秘别墅壁画

神秘别墅位于庞贝城郊外，公元79年8月24日，维苏威火山突然喷发，彻底毁灭了整座城市。所幸别墅虽然被火山灰所覆盖，但只受到轻微损害，特别是壁画几乎毫发无伤。精美的壁画表现了一系列神秘的祭祀仪式，故而该处也得名"神秘别墅"。

19. 圣索菲亚
大教堂

大教堂远景

大教堂建成于公元6世纪中期，是典型的拜占庭希腊十字布局教堂。平面为九宫格式，矩形的内殿上方是直径32.6米的巨大穹顶。1453年奥斯曼帝国攻占君士坦丁堡后，大教堂被改建为清真寺，在建筑四角增建了四座光塔，形成现有格局。

大教堂内景

教堂室内空间以希腊十字布局为基础，但南北两臂被柱廊分割开来，突出了东西向的礼拜空间。天顶大量使用贴金马赛克镶嵌，墙面与柱身采用各色大理石贴面，柱头均为白色大理石，镂空透雕并镶嵌金箔。地面也以马赛克铺砌，装饰效果可谓炫人耳目，夺人心魄。

圣母子与皇帝镶嵌画

　　拜占庭马赛克画通常以沉稳的蓝色为底色，上面再镶嵌小型半透明的彩色玻璃块。至公元 6 世纪后，流行以金箔衬底的做法。拼贴马赛克时常有意将其倾斜不同角度，用以追求闪烁明灭的效果。图中左侧为查士丁尼大帝，右侧为君士坦丁大帝。二位皇帝分别手捧圣索菲亚大教堂和君士坦丁堡，将其奉献给居中的圣母子。

20. 威尼斯 圣马可教堂

教堂外景

教堂主体建成于 1094 年，原为一座十分朴素的希腊十字教堂。但随着威尼斯共和国的不断强盛，作为城邦重要象征的大教堂被反复整修装饰，一直延续至 15 世纪才告完成，由此教堂也融合了拜占庭、哥特、伊斯兰、文艺复兴等多种风格，但其核心结构与装饰风格依旧保持了拜占庭特色。

中央穹顶仰视

教堂室内大量使用金底马赛克镶嵌画，非常富丽堂皇，由此也得名"金色圣堂"。中央穹顶镶嵌拼制了耶稣圣灵及十二使徒，鼓座采光窗之间为十六组双人形象，象征世界各地的信众，四角帆拱之上则为四位大天使，无论结构还是装饰手法，均体现了明显的拜占庭风格。

圣马可与威尼斯狮

得益于威尼斯城邦的自由商业气氛，圣马可教堂的形象繁复而热烈，外立面大量使用了贴金雕饰，与冷峻高耸的哥特教堂差异明显，具有浓厚的人文气息与乐生意蕴。教堂入口上方的山花是装饰重点，山花外廓采用了伊斯兰风格的葱形拱样式，顶端为圣马可像与四位天使，下部为同时象征圣马可与威尼斯城的圣马可飞狮鎏金像。

21. 比萨 主教座堂

洗礼堂雕饰

洗礼堂是建筑群中最晚完成的，建成于 13 世纪晚期，下部为石砌，上部为木结构穹顶，中央凸起，形成了类似葱头的造型。下部装饰保持了罗曼风格，但上部已明显受到哥特风格的影响，山花部分使用了大量尖券、多叶券装饰，各券洞间也遍布人像雕饰。

钟楼

钟楼位于教堂东侧，始建于 1174 年。这种钟楼与教堂主体分立的做法是托斯卡纳地区的典型样式。钟楼高 55 米，直径 16 米，最初只有七层，最上一层为 14 世纪增建。由于当地土质松软，钟楼基础深度不足，所以盖至第三层时就已发生倾斜，至建成时，顶部已偏离垂直中心线达 2.1 米，由此形成当今的"斜塔"。

大教堂立面

大教堂始建于 1063 年，保持了巴西利卡格局。中厅顶部为木桁架，但侧廊已经开始使用十字拱，呈现了一种混合状态。大教堂的正立面独具特色，在罗曼式圆券大门上方采用了层叠式空券廊，形成了强烈的光影与虚实变化，使建筑显得非常轻快爽朗，与西欧地区沉重凝滞的罗曼风格差异明显。

22. 莫斯科
圣瓦西里主教座堂

小教堂室内

　　大教堂的空间布局十分特殊，并非贯通的希腊十字布局，而是由坐落于统一台基上九宫格布局的九座小教堂聚合而成。各教堂都有独立的礼拜空间和采光穹顶，由此使得各教堂的室内空间极其高耸，天光下泄，呈现了强烈的跃升感，营造出浓郁的宗教气氛。

大教堂远景

　　斯拉夫人在继承拜占庭传统的基础上，通过对穹顶造型加以夸张，于12世纪逐步形成了被戏称为"洋葱头"的战盔式穹顶。此类穹顶色彩鲜艳，圆润饱满，最终成为东正教教堂的典型样式。圣瓦西里主教座堂创建于16世纪中叶，作为红场建筑群的核心，充分体现了俄罗斯民族的建筑风格。

圣幛装饰

　　俄罗斯东正教建筑继承了拜占庭奢华繁复的室内装饰传统，同时也受到后期西欧天主教装饰风格的影响，喜好在祈祷室、圣坛等部位使用华丽的板状装饰，称为圣幛。图为安葬圣瓦西里的祈祷室内的圣障装饰。壁板之上遍布鎏金浮雕、彩绘、油画以及镶嵌，十分华丽炫目。

23. 巴黎圣母院

北向玫瑰窗内景

面积庞大的玫瑰窗是圣母院最为华丽炫目的所在。北向玫瑰窗直径达13米，是圣母院保存最完好的彩色玻璃窗，几乎完整保留了13世纪初创时的原有彩色玻璃。图案中心是圣母与圣子，体现了圣母院的属性，周边环绕的是《圣经》记载的各类人物。

塞纳河畔远眺圣母院

教堂全名为巴黎圣母主教座堂，建成于12世纪后期，是法国哥特风格成熟期的代表。平面为拉丁十字式，但东西较长，南北较短。在屋顶十字交叉处，设有一座高达106米的尖塔，配合其他尖顶、尖券，体现了极强的升腾之势。室内东部为圣坛，呈半圆形，空间高耸开阔，西、南、北三向墙面设有大面积玫瑰窗。

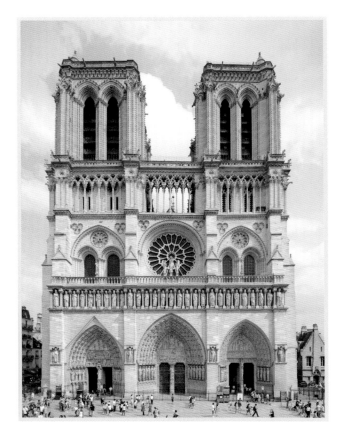

教堂西立面

西立面是哥特教堂造型装饰的重点，圣母院体现了法国哥特风格的典型做法。主体为纵横各分三段的格局，在两侧设置高耸的钟楼（圣母院钟楼的尖顶未能完工），中部为华丽炫目的大玫瑰窗，下部是三座并列的嵌套式尖券大门。

24. 亨利七世 礼拜堂

礼拜堂外景

礼拜堂附属于西敏寺，位于教堂东端，由都铎王朝首位君主亨利七世修建，意在彰显新王朝的合法性与力量。礼拜堂体量较小，狭长而高耸，大量开窗，雕饰细腻华丽，造型具有明显的跃动感，被认为是英国哥特建筑的巅峰作品，无论技术还是艺术成就均堪称极致。

礼拜堂内景

礼拜堂内部是最精彩、最摄人心魄的部分，也是垂直哥特风格最高成就的代表。石雕立柱、肋拱、穹顶已融为一体，如花束般飞升而起。特别是穹顶，宛如盛开的花朵，柔美纤弱地悬垂在空中，令人叹为观止，将肋拱体系的装饰效果推向了极致。彩色玻璃窗采用了近乎落地窗的做法，阳光投射其内，让人几乎感觉不到墙的存在。

礼拜堂拱顶仰视

亨利七世礼拜堂的拱顶无疑是整个中世纪英国建筑中最华丽优美的，其造型繁密复杂而又不失轻巧典雅。拱顶特殊的悬垂做法很可能是受到了当时流行的都铎风格"锤式屋架"造型的影响。

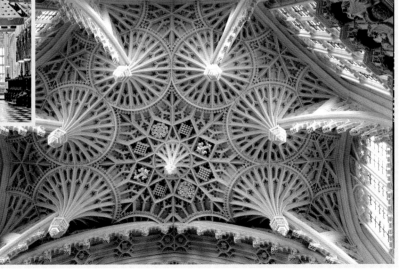

25. 科隆大教堂

中殿内景

中殿内部高 43 米，高耸冷峻，设有五千五百多个座位，没有过多的浮华装饰，更多地体现了法国哥特盛期的风格。但跃升感强烈的束状柱、大量彩色玻璃窗的使用，又显示了辐射式或盛饰式风格的影响。

南侧山墙雕饰

因建造时间绵延六百余年，大教堂完美融合了几乎所有哥特风格的主要特征，尤以法英两国的影响最为明显，特别是外立面部分，各类装饰手法均可看到痕迹。南侧山墙作为装饰重点，体现了明显的法国哥特盛期风格，虽已十分华丽，整体仍较为简洁，不像晚期火焰式那样繁密复杂。

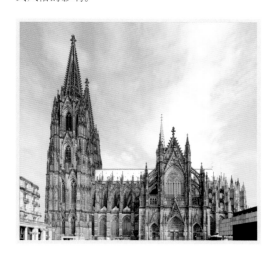

教堂外观

德国第一座按照法国哥特成熟期风格设计的教堂，始建于 1248 年，明显受到了亚眠主教座堂的影响。16 世纪时被迫停工，直到 1880 年在普鲁士皇家的支持下，方得以依据中世纪的方案建造完成。主教堂工程极其浩大，最突出的是西立面的双塔，高达 157 米，仅次于乌尔姆主教座堂，位列世界第二。

26. 米兰主教座堂

教堂内景

教堂内穹顶高 45 米，仅次于法国博韦教堂。室内装饰整体上较为朴素，但立柱做法颇为特殊。室内共四十根高 24 米、直径达 3 米的大型束状立柱，柱顶设有圣坛，环绕布置一系列真人大小的圣像，是哥特教堂中非常罕见的做法，恢宏壮丽，气势非凡。

教堂远景

该教堂是意大利最大的哥特教堂，面积达 11700 平方米，可容纳四万人。始建于 1386 年，西立面仍保持了传统三角形山墙式构图，但没使用托斯卡纳地区常见的石材拼镶工艺。教堂的哥特风格体现了火焰式与垂直式的影响，通过遍布各处的尖塔、山花雕饰形成了强烈的升腾感。中部设有一座高达 108 米的八角形尖塔，体现了英国哥特风格的影响。

后殿花窗

教堂外部雕饰极其华丽，作为装饰重点的花窗尤其独特。以东侧后殿完成于 15 世纪初的三扇花窗为代表，明显受到了火焰式风格的影响，窗框如藤蔓般纤细繁密，充满了流动感。特别是中央一扇，更是将雕塑与花窗结合，表现了圣三一概念，以及天使领报等场景。

27. 佛罗伦萨 主教座堂

教堂西立面

教堂自 13 世纪晚期开始兴建后，其立面装饰有过多次更改，一般认为现今样式是著名建筑师乔托奠定的，但直至 1887 年才最终完成。装饰风格在延续乔托设计的基础上，体现了托斯卡纳地区哥特风格的主要特征，包括白绿粉三色石材拼镶、西立面的三角形构图、分立的钟楼等，被认为是意大利哥特复兴风格的典型代表。

圣约翰洗礼堂马赛克镶嵌画

洗礼堂位于教堂西侧，完成于 1128 年，是该市现存古老的建筑代表，为托斯卡纳的罗曼风格。洗礼堂装饰非常华美，外部在 19 世纪末与教堂、钟塔进行了统一装饰，以多色大理石镶嵌。穹顶内满铺拜占庭风格的金色马赛克镶嵌画，由吉伯蒂设计。东侧的鎏金大门被米开朗基罗称为天堂之门。

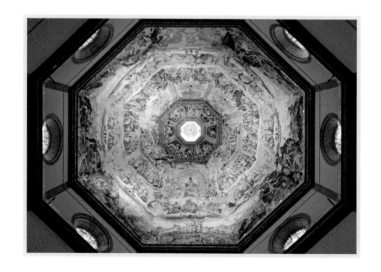

穹顶仰视

教堂的八瓣形穹顶高居于 12 米高的八边形鼓座之上，鼓座各边为带有彩色玻璃的圆窗，中央为采光亭。穹顶内是世界现存面积最大的单一壁画，达 3600 平方米，由文艺复兴时期著名的艺术家乔尔乔·瓦萨里等人在 16 世纪晚期完成，内容为源自《圣经》的末日审判。

28. 圆厅别墅

圆厅内景

圆厅分为上下两层，中间以一圈环廊分隔，顶端为穹顶。室内装饰已具有明显的巴洛克风格，壁画大量使用流行的错视手法来增强装饰效果。一层绘制了以阿波罗为首的八位罗马神祇，每人背后都是一座由双排圆柱支撑、带有格子天花板的走廊，造型十分逼真，具有强烈的立体感与纵深感，四面的走廊内亦采用了类似手法。

远眺别墅

别墅始建于 1565 年，平面为希腊十字的九宫格布局，据称灵感来源于罗马万神庙。建筑中心是穹顶覆盖下的圆形大厅，因位于一座小丘之上，周遭皆可直视，故而帕拉第奥将四面的造型完全统一。建筑充分展示了圆形、方形、三角形、长方形构成的纯几何美。纯正的古典语言、和谐的比例以及隽永的田园诗意，使其成为文艺复兴时期的经典作品。

穹顶仰视

穹顶是整个别墅装饰最华丽的地方，中央为采光亭，下部分为八份，四大四小，壁画均以华丽的巴洛克涡卷式画框围绕。在较低的画框中，绘制了可能代表欧亚美非四大洲的人物形象。上部则是代表柏拉图所倡导的四种美德：智慧、公正、勇气、节制的人物形象。

29. 圣彼得大教堂

穹顶仰视

圣彼得大教堂穹顶与佛罗伦萨主教座堂穹顶是文艺复兴时期最重要的两座穹顶，二者均为双层穹顶，但前者是真正的球面穹顶而非多瓣做法，在造型效果与技术难度上都大大超越了后者，显得更加饱满庄重。穹顶的建成，也是文艺复兴走向巅峰的标志。穹顶内部装饰华丽，以拼贴马赛克为主，正下方为贝尼尼设计的、具有显著巴洛克风格的圣坛。

教堂西立面

大教堂的原始设计为希腊十字布局，17世纪后，日趋保守的教会在前方加入了一段巴西利卡式大厅，形成了接近拉丁十字的格局。大厅的出现使穹顶作为造型焦点的集中统率作用受到了明显削弱。虽然贝尼尼在随后设计的广场中，通过方尖碑的位置提示了观看穹顶较好的位置，但西立面的改造也标志着文艺复兴高潮的消退。

《圣殇》雕塑

雕塑完成于 1498—1499 年，是米开朗基罗的成名作，也是唯一一件署名作品，表现了圣母玛利亚怀抱殉难基督的场景。米开朗基罗一反传统，将圣母刻画为一位少女，用永恒的青春与高贵的形象，象征了人类追求美好事物的理想。构图上采用了金字塔形，长袍既衬托了轮廓，又能够调和构图效果与实际比例的冲突，体现了古典美与自然主义融合的创作观念。

30. 卢浮宫 方形庭院

方形庭院

卢浮宫的建造时间跨越了数百年，东部名为方形庭院的院落最为古老，院落西翼完成于17世纪初，是法国文艺复兴高潮期的代表作。建筑底层为柯林斯壁柱，二层为罗马柯林斯壁柱，三层为简化的柯林斯壁柱，重点突出了断裂弧形山花与人物雕像。中部入口第四层的三层叠套山花，已透露出明显的巴洛克气息。顶部则是富有本土特色的孟莎屋顶。

山花装饰细部

伴随着卢浮宫的发展，该庭院的增改建延续了二百余年，各时期的装饰风格均可见到。此处山花装饰最终完成于1806年，顶部浮雕为法律女神，左侧为摩西和埃及女神伊西斯，右侧为印加国王曼科·卡帕克和罗马君主努马·庞皮里乌斯。人物内容跨越欧亚美非，寓意了法兰西帝国在极盛时期的全球雄心。

庭院建造景象

这幅创造于1644年的铜版画描绘了庭院西翼建造的情景，画中可见中央和一侧的塔楼已完成，另一侧刚刚完成一层。画面上还可看到孟莎屋顶特殊的两段式坡面以及内部的屋架构造。

31. 罗马广场与喷泉

四河喷泉

1651 年由贝尼尼设计完成，位于纳沃那广场中央。喷泉以一座古罗马时期的方尖碑为中心，在碑下围绕四座人物雕像，分别象征了位于欧洲、非洲、亚洲与美洲的多瑙河、尼罗河、恒河及拉普拉塔河，故得名四河喷泉。喷泉雕饰华丽，雕像造型多变，动感极强，是巴洛克盛期的代表作品。

特雷维喷泉

罗马城内最大的巴洛克风格喷泉，初始方案由贝尼尼设计，最终于 1762 年建成。喷泉位于名为波利宫的巴洛克建筑前，与建筑融为一体。雕

塑中海神波塞冬率部属自水中飞腾而出，波塞冬本人雄踞于最高处，衣饰随风鼓动，脚下海怪飞驰，骏马腾跃，充满了勃勃生机。因传说向喷泉内投掷钱币会带来好运，此处遂成为罗马最著名的许愿之地，得名许愿池。

圣彼得大教堂广场

1655 年由贝尼尼设计，主广场为长椭圆形，以一座方尖碑为中心，充分考虑了宗教礼仪与景观的需求。广场两侧为宽阔的古典风格柱廊，顶部还伫立着八十七尊圣徒雕像。在贝尼尼的统筹规划下，广场空间布局宏大豪迈但又不失庄重典雅，装饰华丽而富于动感，通过密集柱列的运用，营造了强烈变幻的光影效果。

32. 凡尔赛宫

镜厅

　　完成于 1684 年，是凡尔赛宫内最重要的大厅，位于主体中央西侧，紧邻园林与喷泉。室内装饰采用巴洛克手法，厅内一面为十七扇拱形落地窗，一面对应镶嵌了十七面大型玻璃镜，通过镜面反射，给人以空间无限延展的错觉。当厅内数千只蜡烛全部点燃时，各类艺术品与镜面交相辉映，宛若仙境，奢华程度令人目眩神迷，为全欧洲的贵戚所仰慕。

凡尔赛宫西立面

　　立面采用了意大利文艺复兴风格宫殿的基本样式，简洁朴素而明朗，具有浓厚的古典主义色彩，与同时代巴洛克宫殿追求曲线与动感的趣味明显不同。建筑底层为粗石面，主楼层采用朴素的爱奥尼柱和拱窗构成连续立面。上部为较低矮的顶层，以扁平的柯林斯壁柱分隔。顶部栏杆使用了壶形装饰和战利品图样进行装饰。

大理石院

  大理石院位于凡尔赛宫主入口中央，核心建筑为路易十三的猎庄，路易十四时加以改造，保留原有红砖墙面，并增加绯色大理石饰面、雕塑以及镀金装饰，庭院地面用黑白大理石装饰。周边建筑包括了国王与王后的私人房间，最西侧即为著名的镜厅。庭院内建筑外立面的装饰十分豪华奢靡，具有突出的巴洛克风格。

33. 伦敦圣保罗大教堂

中殿东向内景

教堂虽然采用了哥特风格的拉丁十字与双钟塔造型，但内部空间则类似拜占庭风格，以连续帆拱支撑的多个扁平穹顶覆盖了中殿和圣坛，穹顶内大面积使用镶嵌马赛克画。侧廊拱券之上的内凹方龛让人联想起罗马万神庙穹顶，鎏金柱头、纹章与花饰则又透露出巴洛克的气息，整体氛围热烈华美而不失庄严，集中体现了英国古典主义风格的特色。

穹顶仰视

中央穹顶置于高大的鼓座之上，鼓座以柯林斯壁柱支撑，柱间开有二十四扇采光窗，下部为弧形帆拱。穹顶内采用典型的巴洛克错视手法，以绘画呈现了虚拟的环廊格局，穿插了表现圣保罗事迹的八幅场景。顶部绘制了源自罗马万神庙的内凹切角方格天顶，中央为采光亭，依旧采用绘画表现了内凹的天顶。

教堂外观

教堂最初方案是希腊十字布局，但随后在教会压力下改为拉丁十字，最终为了构图均衡在西立面又添加了两座哥特式钟塔。教堂最大成就体现在穹顶的设计上，这座穹顶分为内外三层，整体重量是古典式穹顶里最轻的，构思源于圣彼得大教堂穹顶，造型则更像放大的坦比哀多，具有浓郁的古典主义美学特征。

34. 维也纳 美泉宫

大画廊

大画廊是美泉宫的核心大厅，无论位置抑或造型，均深受凡尔赛宫镜厅影响，但装饰风格由巴洛克转为洛可可。与镜厅类似，画廊一侧的拱形高窗朝向庭院，对面是水晶镜。白色墙壁上装饰着柔软纤细的镀金灰泥雕饰。天顶椭圆形画框内有三幅大型壁画。室内由大量镀金壁灯和两座巨型吊灯提供照明。整体风格较镜厅更加温馨柔美、轻快明亮。

宫殿南立面

美泉宫完成于18世纪，外观承袭自凡尔赛宫，简洁朴素而明朗。以同样面向花园的南立面为例，东西两翼底层为糙石做法，上部以巨大的柯林斯壁柱贯通，顶部使用了壶形饰及人像装饰。中央部分较为华丽，底层为多立克双柱支撑的弧形楼梯，上部与两翼类似，四层则为朴素的多立克壁柱，顶部为栏杆及战利品图样雕饰。

自海神喷泉远眺凯旋门

喷泉位于花园的几何中心，罗马海神尼普顿居于最高处，驾驭海马的侍从自水中腾跃而出，与特雷维喷泉可谓异曲同工。凯旋门居于宫殿尽端的高坡之上，既是整个花园的视觉焦点，也是一座可以俯瞰维也纳的平台。整体风格接近古典主义，轻盈的双柱支撑起罗马半圆拱，具有明显的文艺复兴韵味，细部装饰则有巴洛克特征，设计十分巧妙。

35. 德累斯顿 茨温格宫

王冠之门

　　茨温格宫完成于 1732 年，是德国巴洛克建筑的代表作。宫殿标志性的符号是被称为王冠之门的庭院入口。大门为二层，下部为拱券门道，上部是一座四面透空的方亭，亭子顶部被塑造为华丽的葱形，最顶端是象征王权的王冠。大门装饰以巴洛克手法为主，部分元素还显露出洛可可风格的影响。

大师画廊东立面

　　画廊是茨温格宫的主体，拉斐尔的《西斯廷圣母》等旷世杰作均收藏于此。建筑完成于1854年，中央为集中式穹顶，东西立面风格稍有差异，东立面与文艺复兴盛期的意大利宫殿十分接近。底层为糙石墙，二层为古典圆拱窗和神庙造型的窗框与门廊，顶部为朴素的栏杆。西立面则有浓郁的罗马复兴风格。整体上朴素严谨，反映了19世纪古典复兴风格的趣味。

墙楼

　　墙楼与王冠之门并称为茨温格宫最华丽的建筑。建筑构思巧妙，一层为楼梯、门道，二层是一个带环形观景窗的宴会厅。外部装饰极其华丽繁缛，大量使用并列的倚柱与断裂山花、拱券，檐口与立柱之上密布曲线形纹章与植物饰物，各种希腊与罗马神祇雕像密布其间，呈现了晚期巴洛克手法的典型特征。

36. 巴黎
先贤祠

西立面

先贤祠作为路易十五奉献给巴黎保护神圣日
内维耶的大教堂，无论造型美感抑或技术成就，
均较伦敦圣保罗大教堂有明显进步。西立面采用
了纯粹的罗马神庙样式，摒弃了哥特钟塔、古典
主义的高大台基与叠柱式构图，显著净化凝练了
整体造型，穹顶也发挥了更明确的集中统率作用。

穹顶内景

先贤祠穹顶造型与圣保罗大教堂十分类似，
均体现了坦比哀多与圣彼得大教堂的影响。构造
也分为内外三层，内层上方开有圆洞，可以看到
中层穹顶上的壁画。内侧装饰摒弃了巴洛克错视
手法，改为纯净简约的八边形内凹天花，体现了新
古典主义的观念，较圣保罗大教堂更加明快轻盈。

侧翼穹顶与帆拱

　　先贤祠整体上采用了文艺复兴式的结构做法，以帆拱配合穹顶覆盖室内空间。得益于技术进步，建筑承力结构变得空前轻巧。如侧翼穹顶，帆拱不再是厚重的墩台，已变得极其轻薄，中央甚至被镂空，成为可供通行的走道，两侧也开有大面积的高窗，室内空间变得更加开敞明亮。

37. 巴黎 马德莱娜教堂

教堂外景

马德莱娜教堂完成于 19 世纪初，彼时拿破仑为炫耀战功，将教堂改为陈列战利品的展厅。建筑混合了古希腊与古罗马的风格元素，外观为古希腊围廊式神庙，采用罗马柯林斯柱式，居于 7 米高的台基之上，前后都有罗马式的宽阔台阶。整座建筑显得森严而冰冷，体现了典型的帝国风格特征。后期伴随波旁王朝的复辟，该处又被改为教堂并沿用至今。

圣坛

圣坛现今供奉了被天使环绕的主神抹大拉的玛利亚，即马德莱娜。室内装饰以古罗马风格为主，整体上较为收敛沉稳，但仍很华丽。各处大量使用鎏金做法，局部采用马赛克镶嵌画。圣坛为半圆形，上方为大幅壁画和天顶采光窗，天光下泄进一步增强了圣坛的神秘感。

室内东向

建筑内部造型新颖，采用了三个连续的扁圆形穹顶，宛如三座巨大的罗马万神庙穹顶。三座穹顶的顶部均有采光圆窗，天光倾泻而下，景象十分壮观。结构主体采用铸铁骨架，体现了工业革命以来的技术进步，是当时十分先进的结构体系。但这种进步却被禁锢在复古主义的躯壳之内，由此也体现了帝国风格的矛盾性。

38. 巴黎 凯旋门

《马赛曲》浮雕

凯旋门体量巨大，但装饰十分节制而典雅。主体中部安放了四幅反映第一共和以来重大事件的大型浮雕，有力地体现了法兰西共和国的历史与民族精神，业已成为法国文化的标志性符号。其中《马赛曲》是最广为人知的一幅，代表了1792年大革命时期法国人民的凝聚精神与战斗意志。

玛丽安娜头像

玛丽安娜是凯旋门雕刻《马赛曲》最上方的核心人物，也是法兰西共和国的象征。凯旋门博物馆藏有制作雕像时留下的缩比小样，2018"黄背心"运动时被损坏，右侧面颊被砸毁，造成不可挽回的损失。

整体外观

凯旋门于1836年完工，高50米、宽45米、厚22米，体量宏大，造型简洁明快，正面仅设一座券门，两侧开两座小门，没有立柱、壁柱与花哨的线脚。立面分为上中下三段，装饰适度，完全通过雄浑与单纯的体量来表达压倒一切的力量与气势，是法国新古典主义帝国风格最为成功的作品。

39. 伦敦 大英博物馆

大中庭内景

大中庭位于博物馆中心，于 2000 年 12 月建成开放。本次改造将原有的露天庭院加顶覆盖，成为欧洲最大的有顶室内广场。广场顶部由 3312 块三角形玻璃片覆盖。广场中央的圆形建筑现为大英博物馆的阅览室，依旧对公众开放。

博物馆南立面

大英博物馆的设计以追求纯粹的古典复兴风格为核心，其南立面为∩字形，中央由八根巨大的爱奥尼柱托起巨型三角山花，上面密布雕饰，两翼则为高大的平顶柱廊，也统一使用爱奥尼柱式。建筑师在设计中严格遵循了古希腊建筑的比例与细部样式，通过精准宏大的外形，成功地唤起了人们对古希腊圣殿的回忆。

博物馆早期航拍

大英博物馆创建于 1753 年，是全球最为著名的历史悠久、规模宏大的博物馆，现馆舍是 1823 年由希腊复兴风格的领军人物罗伯特·斯密克爵士主持设计建造。建筑整体为口字形，南向两翼突出，中央为露天庭院，安置了一座形似罗马万神庙的圆形建筑，创建时为大英图书馆阅览室。

40. 英国 国会大厦

远景

亦称威斯敏斯特宫，是英国哥特复兴风格的代表作，于19世纪30年代由建筑师查尔斯·巴里爵士和奥古斯塔斯·普金共同设计完成。建筑群共三座高塔，最著名的是俗称为大本钟的伊丽莎白塔，高96.3米；最高的是以时任女王维多利亚命名的方形塔楼，达98.5米。该建筑既是英国政府机构所在地，也是伦敦著名的旅游景点。

建筑细部

查尔斯·巴里爵士虽主持设计，但实际上他是一位古典主义风格的设计师，各类哥特复兴风格的细节问题，均是依靠哥特风格专家普金来完成。最终在威斯敏斯特宫之上呈现的是典型的垂直哥特风格，与周边以西敏寺为主的哥特古迹十分协调，也很好地满足了当时的社会文化与政治文化需求。

威斯敏斯特大厅

大厅是威斯敏斯特宫现存最古老的部分，于1097年创建，在理查二世统治时期改建为现存的锤式屋架结构，最终于1393年投入使用。大厅屋架是英格兰中世纪尺度最大的木结构屋架，尺寸达20.7米×73.2米，这座大厅也由此成为当时欧洲最大的室内礼堂，体现了优异的设计与施工能力。

41. 神圣家族教堂

中殿仰视

教堂室内较之外部，更加绚烂。高迪将哥特复兴风格极度个人化。受到自然界植物造型的启发，为了摆脱肋拱与扶壁，他设计了树干形的柱子，直接承托屋面，既实用又美观。配合彩色玻璃窗和灯光，整个中殿变成了森林中的神秘空间，天顶仿佛无数花朵绽放，极其新颖也极度震撼。

高塔细部

高迪曾说："直线属于人类，而曲线归于上帝。"秉持这种信念，他从植物、动物乃至洞穴、山脉中获得灵感，哥特建筑冷峻阴郁的线条于此被柔和鲜艳的曲线所代替。高迪在世期间完成的四座高塔最为典型，通过绚丽的马赛克拼花延续了其一贯的瑰丽梦幻风格，于此十字架宛如金色花蕊，四座高塔就像在天空中绽放的绚丽花朵。

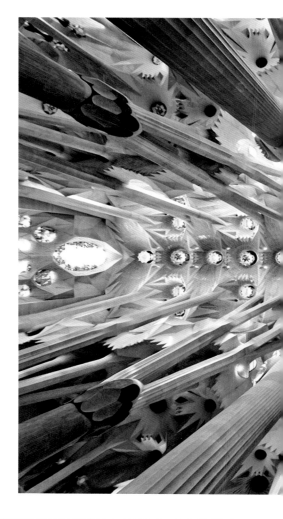

教堂外景

    教堂位于巴塞罗那，是高迪后半生最重要的作品。但由于资金问题，至今仍在建造中。教堂为哥特复兴风格，原始设计包括十八座高塔，用来象征圣母、耶稣基督等，其中耶稣基督塔为170米，完工后圣家堂将成为世界最高的教堂。教堂的设计充满了宗教隐喻，造型也绚丽异常，完全以各种曲线与曲面组合而成，充满韵律感与流动性。

术语表

建筑元素

穹顶（Dome）

古典建筑的标志性符号，外形类似一个空心球体的上半部，多置于建筑顶端。穹顶最早出现于罗马帝国时期，直至 19 世纪，始终是大型公共建筑核心的造型元素之一。

拱券（Arch）

古典砖石结构最核心的技术特征，通常横跨于洞口上方，上半部为圆弧曲线。通过楔形砌块（Voussoir）互相挤压形成稳定的结构，并将压力传导至下部及侧面的支撑体之上。

叠涩拱（Corbel arch）

最原始的拱形构造，指的是用砖石堆叠，层层出挑，逐步向中心靠拢，最终合拢，形成一个尖锥状构造的拱形做法，往往不认为是真正意义上的拱。

半圆拱（Roman arch）

因广泛运用于罗马时期，亦称罗马拱。拱曲线为完整的半圆形，是真正意义上的成熟拱券结构，很好地利用了砖石材料抗压而不抗拉的力学特征。

筒形拱顶（Barrel vault）

一般指将半圆拱直线延伸形成的、覆盖在建筑上部的半圆筒状屋顶或天花，拱下部需有连续的承重墙支撑。

十字拱顶（Groin vault）

将两个筒形拱在方形平面内垂直交叉，此时只需在四角设立柱支撑四个半圆拱，由此使拱顶成功摆脱了连续承重墙的束缚，是拱券发展的一次飞跃。

帆拱（Pendentive）

亦称穹隅，源于十字拱技术，是在方形平面之上安置圆形穹顶的关键技术。帆拱的名称源于十字拱形成的弧面被切割后形成的三角形块面，类似航海中常用的三角帆。

尖拱（Pointed arch）

指拱曲线有尖锐顶点的拱。最早出现于中东地区，后期成为哥特教堂的典型特征。尖拱造型优美，同时可以有效减小侧推力，在同等条件下明显提高承重能力。

肋拱顶（Rib vault）

12 世纪时先进的拱顶做法，只在十字平面的四角和十字交线处布置框架式尖拱，因其形同肋骨，故名肋拱。肋拱通过相互支撑，形成了名为肋拱顶的结构体系，是哥特建筑重要的技术成就之一。

扶壁（Flying buttress）

亦称飞券，源于支撑拱顶的挡墙，后期衍化为一种非常轻巧的支撑结构。扶壁一端支撑于侧廊墙垛之上，另一端支撑于中厅骨架券的角部，有效地抵抗了拱顶的侧推力。

葱形拱（Ogee arch）

脱胎于尖拱，但构成尖拱的两条弧线转变为更加华丽的 S 形双曲线，形成了顶部尖耸的柔美造型，具有突出的装饰效果。

马蹄拱（Horseshoe arch）

亦称摩尔拱，源于半圆拱，但拱曲线大于半圆形，形成了拱的最大跨度大于底部宽度的效果，造型宛如马蹄。

多叶拱（Multifoil arch）

也称多翼拱，属于尖拱的变形，拱券由左右对称分布、以多个重叠圆弧定义的锯齿形装饰构成。拱券中圆的数量常见单数，以 3—11 不等。

三叶拱（Trefoil arch）

拱曲线由三段叶状曲线组成，因三叶造型暗合了"圣三位一体"概念，成为哥特教堂最常见的装饰元素。

四叶券（Quatrefoil arch）

拱曲线由十字分布的四段叶状曲线组成，因四叶造型暗合了"十字架"概念，同为哥特教堂最常见的装饰元素。

钟乳拱（Muqarnas）

造型类似密集排布的下垂钟乳石或蜂窝，是伊斯兰建筑特有的装饰性拱顶，可分为波斯风格和摩尔风格两大类，具有突出的神学意义。

柱式（Order）
指古典建筑立面形式生成的原则。基本原理是以某种样式立柱的柱径为一个单位，按照一定的比例原则，计算出柱子各部分的尺寸，由此更进一步计算出建筑各部分尺寸。

多立克柱式（Doric Order）
造型比较粗大雄壮，没有柱础，柱身有二十条凹槽，柱头没有装饰，又被称为男性柱，是最经典的古希腊柱式，雅典卫城帕特农神庙即采用多立克柱式。

爱奥尼柱式（Ionic Order）
造型比较纤细秀美，柱身有二十四条凹槽，柱头有一对向下的涡卷装饰，又被称为女性柱。由于其优雅高贵的气质，广泛出现在古希腊建筑中。

柯林斯柱式（Corinthian Order）
这种柱式的比例比爱奥尼柱更为纤细，柱头是用毛茛叶（Acanthus）作装饰、形似盛满花草的花篮，装饰性突出。但在古希腊时期并不多见，罗马时期方得到广泛运用。

罗马柯林斯柱式（Roman Composite Order）
又称罗马复合柱式，主要特点是将爱奥尼柱式柱头上的涡卷加入柯林斯毛茛叶柱头上，进一步强化了装饰效果，十分华丽。

塔司干柱式（Toscan Order）
风格简约朴素，类似于多立克柱式，但是与多立克相比省去了柱子表面的凹槽，长径比也较小，大约是7:1，显得更加粗壮有力。

三角楣（Pediment）
亦称山花，指建筑立面或门窗顶部平缓的三角形山墙，早期主要出现于古典神庙门廊的正上方，是装饰的重点所在，后期被广泛运用在各种场所。

玫瑰窗（Rose windows）
特指哥特式大教堂中经过高度繁复设计、像多瓣玫瑰花的圆形玻璃窗。源自早期的轮辐窗。

孟莎屋顶（Mansard roof）
造型特点是两坡四折，每个坡面分为两段不同坡度，下部较陡峭，常开设有窗口，上部较和缓。17世纪后得到以弗朗索瓦·孟莎为首的法国建筑师大力推广，故得名孟莎屋顶。

锤式屋架（Hammer bean）
英国哥特建筑的木结构桁架做法，通过短梁（锤梁）和墙壁上的弧形撑的相互支撑，可以使屋顶的跨度大于木材的长度，造就大跨度的开敞室内空间。

巴西利卡（Basilica）
又称长方形会堂，是古罗马的一种公共建筑，主要用作集会、议事和法庭等。平面为长方形，室内有两排列柱，一端有半圆形小室，后期成为基督教堂的原型。

拉丁十字布局（Latin cross）
罗曼建筑时期，教堂圣坛前部空间向两侧拓展，形成了一个横短竖长的十字形格局，并与耶稣殉难联系起来，具有非凡的神圣意义。天主教会将拉丁十字视作正统的教堂形制，并沿用至今。

希腊十字布局（Greek cross）
东正教教堂的典型布局，以方形集中式穹顶为核心，主体四向外延形成一个等长的十字格局，称为希腊十字。后期在四角上增加建筑空间，最终形成了以十字为主体的九宫格布局。

主教座堂（Cathedral）
指施行主教制的教会中，教区主教的正式驻地。此类教堂是教区的核心，通常也是所在地的重要地标。亦可简译为"大教堂"，如"科隆大教堂"全名为"科隆教区圣伯多禄暨圣母主教座堂"。

前厅（Narthex）
教堂主入口与中殿之间的空间，早期通常供没有资格进入教堂的初学者和忏悔者聆听布道使用，后期则转为一个进入中殿前的普通过渡性空间。

中殿（Nave）

教堂内的主要使用空间，一般为东西向的长方形，可容纳大量信徒举行宗教仪式。

后殿（Apse）

教堂内东端的半圆形空间，由牧师或教士使用，多会与中殿进行适度分隔。内部一般包括唱诗堂和供奉偶像的祭坛（altar）。

采光亭（Lantern）

位于屋顶中央开口或穹顶上方的圆形或多边形小型建筑，四周开敞或开窗，是穹顶内部的主要光源，同时也起到遮蔽风雨的作用。

战利品图样（Trophy of arms）

由兵器、盔甲和旗帜等组成的绘画或雕刻作品，起源于古希腊至古罗马时期以缴获的战利品构建纪念物的传统。后期伴随古典主义与古典复兴风潮，再次得到广泛使用。

美索不达米亚 （Mesopotamia）

本意为河之间的地区，即两河流域，指今伊拉克境内底格里斯河与幼发拉底河之间的地区。

多柱式大殿（Hypostyle hall）

指屋顶主要由密集的柱列支撑，而非由墙体或大跨度梁架支撑的建筑样式，多用于神庙与宫殿建筑。古埃及与古波斯建筑中十分常见。

拉神（Re）

古埃及的太阳神，形象为隼头人身，是埃及神话中最高等级的神祇。方尖碑是其重要的象征。

方尖碑（Obelisk）

一种方形、底粗上细的石质纪念物，顶端安置镀金的金字塔造型。一般由整块花岗岩雕琢而成，外表多雕饰有图案与文字，成对地树立于神庙入口，是拉神的象征。

窣堵坡（Stupa）

即佛塔，佛教纪念性建筑，原本用于掩埋佛陀和圣徒骸骨，早期多为半球形，四面开门，顶部设伞盖，后期在不同地域演变出样式繁多的类型。

支提（Chaitya）

源于梵语，意为圣丘，指佛教徒崇拜的神圣场所，大到寺庙建筑，小到祭坛，均可称为支提。后期石窟寺内用于供奉崇拜的空间即被称为支提窟。

毗诃罗（Vihara）

汉译为精舍，毗诃罗为梵语音译，原指佛教僧团修行的房舍。最早期的佛寺即以精舍的名称出现，强调位于广阔之处，或有较大的庭院。后期石窟寺中衍化为毗诃罗窟。

大乘佛教（Mahayana）

佛教两大传统之一，于公元 1 世纪兴起，对佛陀教义的解释较为融通开放，主要流行于东亚地区。与之对应的小乘佛教（Hinayana）主要流行于南亚至东南亚地区。

光塔（Minaret）

亦称宣礼塔，指附属于清真寺的高塔。最初功能是教士于塔上召唤信徒进行礼拜。伊斯兰世界的光塔样式多变，有方、圆、八角等诸多造型。

鸟居（Torii）

日本神社建筑，传说是连接神明居住的神域与人类居住的俗世之通道，属"结界"的一种。鸟居有多种形状，多数均以两根支柱与一至两根横梁构成，部分鸟居在横梁中央有牌匾。

式年迁宫（Jingu Shikinen Sengu）

日本神道教最重要的三重县伊势神宫原则上每二十年就会重建一次，最近的一次是在 2013 年。迁宫时会举办众多仪式活动。通过这种制度，有效地保护传承了古老的宗教祭祀制度和建筑技艺与习俗。

春日造（Kasuga zukuri）

日本神社最常见的样式之一。整体造型与流造（Nagare zukuri）类似，但建筑十分小巧，单体平面为正方形，